復刻版

夢追いびとたちの系譜

土木のこころ

田村喜子
Yoshiko Tamura

まえがき

明治期の一大プロジェクト、琵琶湖疏水《そすい》*の建設を『京都インクライン物語』にまとめたのは、ちょうど二〇年前のことになる。そのころの私は土木にはまったくの門外漢で、有態に申せば、土木と建築の区別さえついていなかった。

京都府総合資料館へ通い、資料に目を通すうちに、それまで疏水のことをなにも知らずに過ごしてきたことが無性に恥ずかしく思えた。その水路は市内各地で潤いのある水辺の景観を演出しているが、あまりにも見慣れた風景でありすぎて、疏水がいつ、だれの手で、なんの目的でつくられたのか、知ろうともしなかったし、知る機会を逸してきた。そのことを猛省したのだった。そこで京都で生を受けたものにとっては産湯を使った水であり、その後はいのちの水となっている疏水の成立ちを、少しでも多くの方に知ってもらいたいとの願いを、この作品に込めた。

主人公は田辺朔郎、工部大学校を出たばかりの土木技術者であった。

つづいて同じ人物を主人公として『北海道浪漫鉄道』を書いた。その過程で、

＊疏水：湖などの水源から水路をつくり、水を引くこと。

私は「土木のこころ」に触れた。自らは危険で過酷な環境に身を置きながら、将来の豊かな社会の建設に傾注した男が、胸の裡《うち》に秘めている心である。土木を選んだ男の使命感といってもいい。私は次第に強く「土木のこころ」に魅せられていった。

そのころ世間ではしきりに「土木の3K」が取り沙汰されていた。しかし各地の現場を訪れて、その最前線で仕事をしている方たちに接すると、そこにはみじんも「3K」は感じられず、あるのは誇りと自負だけだった。それを感じることが私には快かった。

ある土木技術者はいった。「この道はぼくがつくったのです。ワン・オブ・ゼムです」。土木とは大勢の人間が心と力をひとつにして取り組むものだということを、私は教えられた。また、別の技術者はいった。「土木屋は岩着《がんちゃく》*にかかっているときに、いちばん燃えます」。人目には触れない基礎づくりこそ、土木の本質であることに私は感銘を受けた。

「恵まれないひとたちに、少しでも暮らしやすい社会資本をつくりたい、そんな思いでぼくは土木を選びました」「ぼくたち土木屋にあるのは、3Kではなく、完成させたときの感動のKです」と熱っぽく語った土木技術者たちを私は忘れることができない。

＊岩着：硬い岩を露出させ、整形し、構造物の基礎を構築すること。

山海堂から、二十世紀が幕を閉じるにあたって、二十世紀に活躍した土木技術者をまとめてみないかとご依頼があったとき、人選の段階で心が迷った。結果的に昭和以降から戦後の日本の国土の礎《いしずえ》を築いた土木技術者を主に取りあげることとなった。八田與一の嘉南大圳は台湾を舞台としているが、建設当時は日本の国土の一部であったし、それ以上に彼の業績は、のちのちまで人びとの暮らしに役立つものでなければすぐれた社会資本とはいえず（すぐれた社会資本ほど、日々の暮らしの中では、その存在を忘れられるものだが）、さらには「飲水思源《いんすいしげん》」の思想を噛み砕くように教えてくれたのである。

例外として、琵琶湖疏水の田辺朔郎と小樽築港の廣井勇を加えた。二人の活躍期は一九世紀末である。しかし彼らが築いた琵琶湖疏水と小樽港は百年以上の時を超えて、いまも現役のすぐれた社会資本たり得ている。明治維新に引き続き、日本の近代化の渦中で青年時代を送り、シビルエンジニア*の道を歩いた男たちは、現在同じ道を選んだひとたちよりも、もっと真剣に「シビルエンジニアはいかに在るべきか」という問題に対峙していたように思われてならない。さらには土木には技術と同時に「土木のこころ」が伴わなければならないと私は思う。社会資本、あるいはインフラを整備するに際して、いちばん核となるのは人間であり、その心なのだ。私は田辺朔郎の琵琶湖疏水と北海道浪漫鉄道

＊シビルエンジニア：土木技術者。

を書いたことで、彼の生き方を通して土木の心に触れることができた。いわば田辺朔郎は私に土木の心を教えてくれたのだ。さらには技術者が備えていなければならない素養にも気づかせてくれた。同時に地域づくり、都市計画は目先のことより、将来を見通した「百年の計」の大切さを垂範した。私は田辺を土木の群像からはずすことができなかった。廣井勇、然《しか》りである。

司馬遼太郎さんは「江戸の地は、徳川家康が入府（一五九〇年）したころは、半ば以上が低湿地だった。その後、縦横に土木工事が施されつづけて市街地化した。こんにちにいたるまで東京の地面で江戸以来の人の汗が落ちなかった土は寸土もない」と書いておられる。

江戸に限らず、日本の国土で人間が住む土に落とした土木技術者の汗を、私は尊いと思うのである。その業績はけっして「忘れ水」とたとえるようなものではない。

本書では二〇人の「土木屋さん」を取りあげたが、いずれも土木のロマンを自らの人生に反映させ、国づくりに邁進した男たちであり、荒廃した国土を建て直して今日の繁栄につなげた方たちである。二〇人を書くことで、私もまたあらためて土木のロマンを見つけたのである。

本書に登場いただいた方の人選はすべて私の責任で行った。二〇人中、約半数は戦後の国土を築き、いまもなお現役である。立場もわきまえず、敬称抜きで書かせていただいたことを、ここでお詫び申しあげる。また、本書執筆にあたり多くの方々から貴重なご意見をご教示いただいた。お名前を挙げないが、深くお礼申し上げる。最後に、原稿の遅れに忍耐強くお付き合いいただいた山海堂編集部柴野健吾氏に感謝申し上げる。

二〇〇二年二月

田村喜子

本書は、二〇〇二年四月に山海堂から刊行された同名書籍を再編集したものです。

土木のこころ 夢追いびとたちの系譜　目次

3 ■ まえがき
11 ■ 田辺朔郎　京都に琵琶湖の水を引く
25 ■ 廣井 勇　土木技術で北の未来を切り拓く
37 ■ 八田與一　台湾、不毛の地に命の水を流す
49 ■ 赤木正雄　砂防技術に生涯をかけた「砂防の父」
63 ■ 釘宮 磐　九州と本州を海の底で結ぶ
77 ■ 宮本武之輔　あばれ川を鎮める可動堰
91 ■ 永田 年　大型重機が実現した巨大ダム
103 ■ 藤井松太郎　難境に挑む鉄道技師の誇り
115 ■ 富樫凱一　日本列島を道路でつなぐ

129 ■ 栗田万喜三　名城を支えた石積み技術の伝承
141 ■ 仁杉　巖　新幹線を走らせたコンクリート技術
155 ■ 星野幸平　現場を指揮するトビのなかのトビ
169 ■ 笹島信義　男たちの命をかけた黒部ダム
183 ■ 尾崎　晃　自然を味方につけた港湾技術
195 ■ 高橋国一郎　日本の未来をつくった高速道路
207 ■ 大西圭太　安全を守り続けた緻密な保線作業
219 ■ 松嶋久光　仲間とともに生きる立山砂防のヌシ
231 ■ 吉田　巖　明石海峡を横断する夢の吊り橋
245 ■ 高橋　裕　川と水を知り尽くした河川技術者
259 ■ 小野辰雄　現場の命を支える安全な足場

272 ■ 『土木のこころ』復刊に寄せて

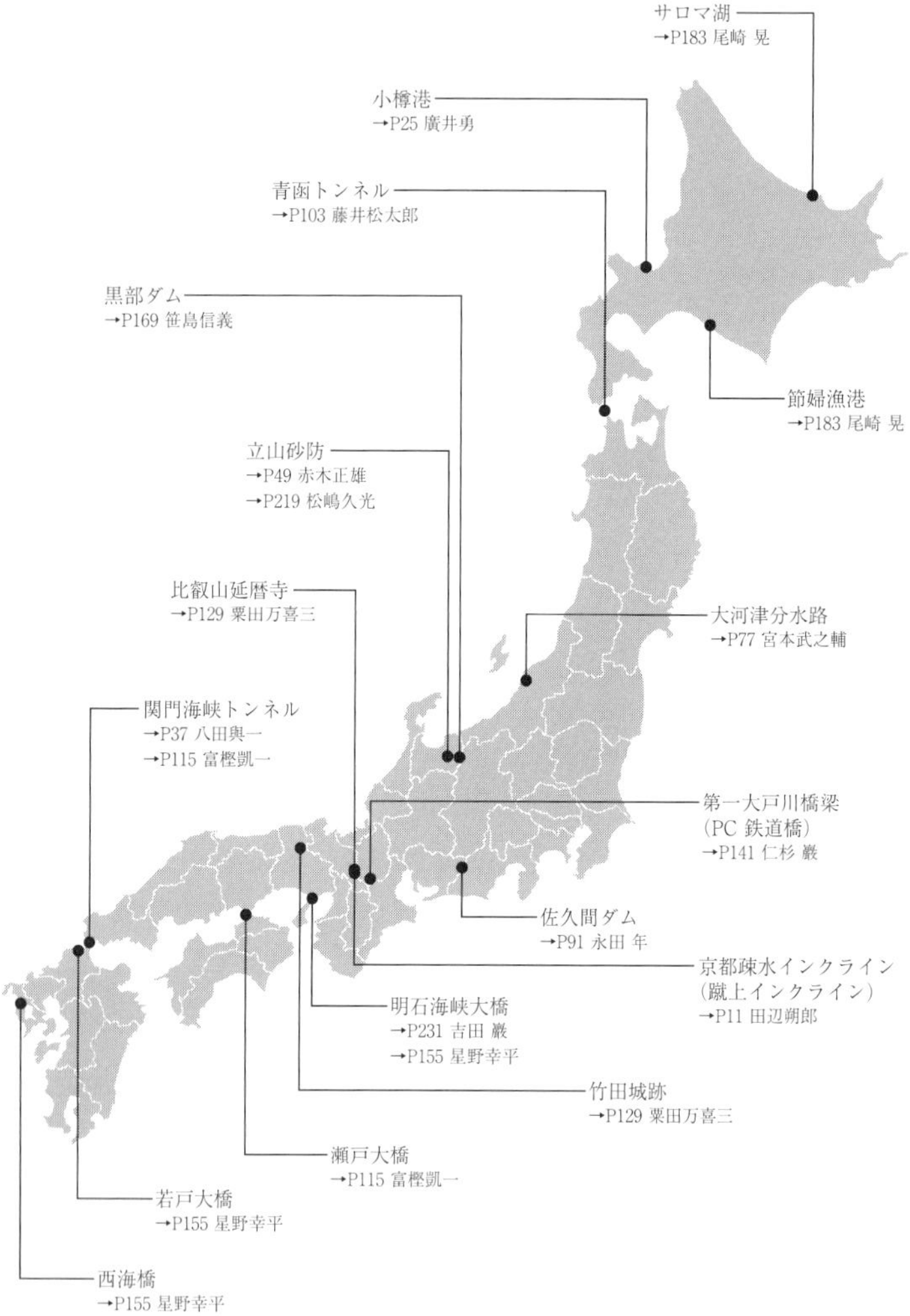
サロマ湖
→P183 尾崎 晃
小樽港
→P25 廣井勇
青函トンネル
→P103 藤井松太郎
黒部ダム
→P169 笹島信義
節婦漁港
→P183 尾崎 晃
立山砂防
→P49 赤木正雄
→P219 松嶋久光
比叡山延暦寺
→P129 粟田万喜三
大河津分水路
→P77 宮本武之輔
関門海峡トンネル
→P37 八田與一
→P115 富樫凱一
第一大戸川橋梁
(PC 鉄道橋)
→P141 仁杉 巖
佐久間ダム
→P91 永田 年
京都疏水インクライン
(蹴上インクライン)
→P11 田辺朔郎
明石海峡大橋
→P231 吉田 巖
→P155 星野幸平
竹田城跡
→P129 粟田万喜三
瀬戸大橋
→P115 富樫凱一
若戸大橋
→P155 星野幸平
西海橋
→P155 星野幸平

田辺　朔郎

（たなべ　さくろう・一八六一～一九四四年）

京都に琵琶湖の水を引く

「これからの動力は電気だ。
もはや水車の時代ではない。
この琵琶湖疏水の現場に、
わたしの手で水力発電を採り入れ、
時代を先取りしたい」

明治維新成就によって千年のみやこの座を失った京都が、起死回生をかけて取り組んだ大事業、それが明治一八年（一八八五）着工、同二三年（一八九〇）竣功の琵琶湖疏水建設であった。時の為政者、北垣国道知事の構想は、隣接の滋賀県にある近畿の水がめ、琵琶湖から水を疏《ひ》くことによる動力源と舟運路の確保、そのほか灌漑や生活水、防火用水への利用であった。

工事に際して、北垣知事が「人材」と認め、工事主任に起用したのは、弱冠二二歳、工部大学校を卒業したばかりの工学士、田辺朔郎であった。若者の柔軟な頭脳と先見性、そして真摯な努力が、このビッグプロジェクトを成功に導いた。琵琶湖疏水の完成によって、京都は古都から近代都市への再生を果たした。それは同時に、ほとんどの土木事業を先進国の技術者に頼らざるを得なかった時期に、日本人だけの手で成し遂げたという点で、近代土木技術における日本の「独立宣言」でもあった。

けがを乗り越え、卒業論文「琵琶湖疏水工事」を左手で書き上げる

田辺朔郎は文久元年（一八六一）一一月一日、幕臣田辺孫次郎、ふきの長男として江戸に生まれた。その翌年、日本で初めて大流行した異国渡来の麻疹《はしか》で孫次郎は他界、田辺は生後九カ月で父を失っている。六歳で維新に遭遇、「官軍が攻めてきて、江戸八百八町は焼き討

ちされる」との噂で、母と姉、鑑子《てるこ》（のち、建築家片山東熊夫人）とともに埼玉県幸手へ疎開した。やがて田辺一家は東京へ戻ったが、時代の変遷に伴い、旧幕臣とその家族の生活は決して恵まれたものではなかった。

明治八年（一八七五）五月、田辺朔郎は工部大学校工学寮付属小学校に入学、つづいて同大学校に進学した。工部大学校は「大いに工業を開明し、以って工部に従事するの士官を教育するため」に明治四年（一八七一）に設立され、「エンジニアは社会発展の原動力たること」を建学の精神としていた。

六年制の工部大学校では、五年生の学生を全国に派遣し、近代日本の国土づくりに必要とされる社会資本の建設計画に参画させた。明治一四年（一八八一）三月一八日、田辺朔郎は「学術研究のため東海道筋ならびに京都大阪出張」を命じられた。これが田辺のその後の運命を決定することとなる。

京都では北垣知事が推進する琵琶湖疏水工事計画の調査が緒についたばかりだった。京都府の調査とは係りなく、田辺は彼自身の研究のテーマとして琵琶湖疏水工事の計画を調査した。その途中で、彼にとっては何度目かの災難に遭遇することになる。疏水のルートとなる山中の地質を調査中、彼は誤って右手の中指を負傷した。東京に戻り、卒業論文として調査結果のまとめにかかるころから、右手中指のけがは悪化し、首から吊っても痛みは耐え難かった。しかし、母子家庭の苦学生である彼には、病院で治療するゆとりは時間的にも経済的にもなかった。そのうえ、卒業の成績が就職後の給料の多寡にも影響を及ぼすから、留年などは許されない。慣れない左手で書く英文の論文。製図の苦労はさらに大きかった。平行線を引こうと定規をあてがい、動かないように重しをのせて、いざ線を引こうとすると烏口のインクが乾いている。最初からやり直しだ。田辺にとって、この作業はよほど苦痛を伴ったのであろう。卒業論文の下書きノートの表紙に「Written with my left hand」とわざわざ記していることからも推察できる。けがが左手であったら……と思わないではない。友人もそういって同情してくれた。だが「左手で百難を排する方がやりがいがあるってぇものだ。断じて行えば鬼神もこれを避く」と、田辺は歯を食いしばった。不撓不屈の精神力を、彼は度重なる不幸のなかから培っていったのだ。

北垣知事が琵琶湖疏水工事のリーダーとなるべき人材を求めて工部大学校を訪ねたとき、旧知の大鳥圭介校長が引き合わせた学生が田辺朔郎だった。

疏水工事にかけた北垣知事の意志と田辺の熱意

明治一六年（一八八三）五月一五日、田辺朔郎は工部大学校を第一等で卒業した。骨膜炎を悪化させた右手中指は、帝国大学付属病院で第一関節と第二関節のあいだを切除され、小指ほどに短くなったが、長いあいだ苦しめられた痛みからは、ようやく解放された。

＊取水口：河川や湖沼などから上水道、発電用水路、農業用水路などへ水を取り入れる口、またその設備。

「京都府御用係准判任官」、京都に着任した田辺の肩書きである。琵琶湖疏水工事に関する業務を、事業期間だけ執り行う役職と解釈すればいいだろう。

南北に細長く、琵琶の形を描く琵琶湖。その南西端に位置する大津に取水口を設け、京都東山の山麓まで約八キロ、疏水のメインルートとなるこのあいだには、京都と滋賀の府県境となる長等山《ながらやま》や東山の山並みが立ちはだかり、トンネル通過となる。とくに延長約二五〇〇メートルの長等山トンネルは、当時としては前例のない長大トンネルである。

京都市街地に到達した水路は蹴上《けあげ》で分流し、幹線は南禅寺舟溜から鴨川へ。支線は南禅寺境内を横断して白川に合流、ここが水車動力の基地となる。水車の動力源とするためには、水源から蹴上までの水位差を少なく保ち、そこから一気に落差をつける必要がある。一方、舟運*のためには、その落差を積荷のままで船を下方へ移動しなければならない。そこで傾斜鉄道を設けることとし、それを工事の段階から「インクライン*」と称した。このハイカラなことばの意味を当時の市民が理解したとは考えられないが、「インクライン」が古都を近代化するビッグプロジェクトの象徴として市民に受け入れられたのは事実であった。

工費は最初六〇万円と見積もられた。その一言が金科玉条の重みを持っていたオランダ人技術者ヨハネス・デレーケは、トンネルを掘る山の地質の堅固さや工費の点で、実現不可能と判定した。内務卿山県有朋は「かかる如き懸念ある以上は、けっして工事に着手せしむべからず。必ず起こすべきの事業は、必ず遂ぐべきの計画なかるべからず」と釘をさした。

＊舟運：舟による交通や物資の輸送。
＊インクライン：傾斜面にレールを敷き、水車などの動力で台車を動かして船や貨物を運ぶ装置。

疏水計画反対の声は上流の滋賀県からも、下流の大阪府からもあがった。京都市議会ではきびしい反対意見があがり、市民のなかには「琵琶湖の水が京に流れ込めば、町は水浸しになる」とさわぎたて、工事費負担への不満から「今度来た餓鬼（北垣）極道（国道）」と知事を揶揄したビラが貼られる。

四面楚歌のなかで、北垣知事は矢面に立って反対者を説得し、工事推進の意志を貫いた。工事主任田辺朔郎にとっては、デレーケが提出した工事反対意見書のなかに述べられた「京都府のスタッフが作成した運河路線地図は、各地高低の位置を表す方法として等高線を用いている。これは実地製図技術として高く評価されるべきものである。費用の点で工事は実施不可能の結論にいたったが、作図の優秀さは大いに賞賛に値する。作図者は田辺朔郎氏である」の文言に、ひそかに自負するものがあった。加えて、知事の強力な後ろ盾がある。北垣は「田辺を工事主任とする点では、一切の懸念はない」とまでいいきっていた。

水車から水力発電へ。若い技術者の「先見性」が光る

琵琶湖疏水総工費は一二五万円にはねあがった。国家予算七〇〇〇万円の時代である。現在ならおよそ一兆円のプロジェクトに相当する。

「水力発電」という、ほとんどそれまで耳にしたことのなかった技術がアメリカで開発さ

れたという情報を田辺がキャッチしたのは、疏水工事が中盤を迎えたころだった。琵琶湖疏水事業の発端は動力源の確保であったが、それは何段かに重ねた水車によるものだった。水車の周辺に、今日でいうところの工業団地をつくろうというもので、東山山麓の景勝地がそれに充てられることになっていた。

「これからの動力は電気だ。もはや水車の時代ではない。この琵琶湖疏水の現場に、わたしの手で水力発電を取り入れ、時代を先取りしたい」

土木技術者である田辺が、そう考えるのは当然のことであろう。いい意味での野心といっていい。

京都人は保守的である反面、新しいものを積極的に取り入れようとする気風がある。しかも、琵琶湖疏水は北垣知事が提唱する「京都百年の計」であり、京都近代化の象徴なのだ。工事を途中変更しても、世界最新の水力発電を取り入れようとする意見は、市議会で満場一致した。この時期、水力による発電は世界でも珍しかった。田辺は高木文平議員とともに「水力発電視察」のためアメリカへ渡った。明治二一年(一八八八)一〇月のことである。アメリカ視察の主目的は、マサチューセッツ州ホリヨークで開発された水車による水力工場の視察だったが、田辺はコロラド州アスペンの水力発電施設を視察し、水力工場より水力発電の採用に固執した。それが若者の柔軟な頭脳からくる先見性であったというべきだろう。

二カ月足らずのアメリカ滞在中、田辺は電気と名のつくものはすべて視察した。その間、アスペンのままでは発電ムラが生じるため、改良の必要があるペルトン水車発電装置の速度調整器の設計図を書き、製品を日本へ送るようにと依頼して帰国した。

世界に先駆けた発電事業。「疏水のインクライン」は現在の京都の礎

疏水工事のころの日本には、土木技術者はまだわずかしか育っていなかった。測量主任島田道生というよきパートナーを得ていたが、長いトンネルの中心線の測量*にあたっては、たとえようもないほどの辛苦が伴った。現場で指揮をとる一方で技術者を養成し、その合間に膨大な参考書をひもといて、「公式工師必携」というハンドブックの著作もした。まさに八面六臂《はちめんろっぴ》の仕事ぶりであったが、自分自身の技術向上を目指した勉強も怠らなかったのであろう。工学会誌に工部大学校の先輩中野初子《はつね》が掲載した論文「電気発動機の説」を読み、エネルギー源が水車から蒸気機械、さらに電力へ移行することを、田辺は鋭く見据えていたのだった。

疏水事業の当初の予定では、水車は東山山麓に設置されることになっていた。予定どおりに実現すれば、この地区は零細な工場地帯に一変していただろう。工事を途中変更して水力発電を取り入れたことで、この周辺の多くの文化財と歴史的景観が損なわれることから免れた。その点でも田辺の先見性は現在の京都の都市景観に大きな影響を与えている。

＊中心線の測量：路線測量の一部。道路・鉄道などを施工する際に、主要点および中心点などの測量点を現地に設置し、線形地形図を作成する作業。

京都疏水インクライン［写真上：琵琶湖側、写真下：線路上］（土木学会）
現在、跡地の蹴上インクラインは桜並木で人気の観光スポットとなっている。

明治二二年（一八八九）二月二七日、日本でいちばん長い長等山トンネル貫通、同二三年（一八九〇）四月九日、琵琶湖疏水通水式。田辺朔郎、二七歳の春であった。為政者は若者を信頼し、若者は真摯に努力して応えた。これが疏水工事成功の最大のポイントといっていい。

京都市は疏水完成の翌年、発電を事業とした。これは世界の魁《さきがけ》事業であった。電力で船がインクラインを昇り降りした。さらに明治二八年（一八九五）、日本で最初の路面電車が京の都大路を走った。こうした偉業に、遷都で疲弊していた市民は、京都人としての気概を取り戻した。「疏水のインクライン」は京都のひとにとって、精神的支えともなったのである。疏水のおかげで、今日の京都がある、といっていい。

未開の地、北海道の鉄道調査と工事を開始。カミナリ大臣井上馨を説き伏せる

明治二三年（一八九〇）、疏水完成後、田辺はその業績により工学博士の学位を取得、母校である帝国大学工科大学教授となり東京へ戻った。

六年後の明治二九年（一八九六）五月、北海道鉄道敷設法*が公布された。そのころ北海道庁長官となっていた北垣国道の要請を受けた田辺は、大学教授の地位を擲《なげう》ち、鉄道技師として北海道に赴いた。

当時の北海道はほとんどの地を原生林と湿原に覆われ、ヒグマやオオカミなどの猛獣が跋《ばっ》

＊北海道鉄道敷設法：北海道において国が建設すべき鉄道路線を定めた法律。鉄道敷設法の約４年後に公布された。

扈《こ》し、おびただしい蚊虻《ぶんぼう》がはびこっていた。鉄道は小樽から札幌までが開通していたが、その先は原生林を切り開いた囚人道路*がわずかにあるのみ、それも人通りが疎《まば》らで、草葉のトンネルのような状態だった。

厳冬の地吹雪や夏季の虫害と闘いながら、田辺は馬を駆り、足を棒にして一六〇〇キロ幹線鉄道の実地踏査を行った。自らは危険で苛酷な環境に身を置きながらも、将来の豊かな社会を目指して世のなかのために尽くすことがシビルエンジニアの在りようであることを自覚していたに違いない。そこに、土木を選んだ男の使命感を見出していたのである。

時の大蔵大臣井上馨が一切の公共事業中止を通達したのは、明治三一年（一八九八）度予算決定の直前であった。日清戦争後、日本は軍需拡大に多額の費用を投入し、一方では膨大な公共事業計画をかかえて著しい財政難に陥っていたのだった。

このとき田辺は時を移さず上京、カミナリ大臣の異名を持つ井上と会談を交えた。北海道のような開発途上の地で事業を中断することの弊害の大きさ、それはこれまで注ぎ込んできた資金も人的資源もすべてが水泡に帰すことを意味する。将来に向けて、北辺の国土を開発することの意義を、田辺は綿密な数字をあげて井上を説いた。

「井上さんの庇護を受けて、立身出世をはかる気もなし、書画骨董を供覧して、便宜をはかってもらおうとする下心もない」

田辺には北海道の未来を考える以外に一切の私心がないから、カミナリ大臣に対してもひ

＊囚人道路：明治時代に北海道各地で囚人たちの手によって建設された道路の俗称で、道民の生活基盤となった。

るむところがなかった。

三時間にわたり白熱した会談は、井上のひとことで終わりを告げた。

「えいくそッ。一〇〇万円、くれてやらあ」

えいくそのひとことで、北海道は年度予算を獲得し、鉄道中止の厄を免れたのである。

だが、明治三一年（一八九八）、日本に初めて政党内閣が誕生し、政党人が北海道庁長官に就き、勢力を伸ばすに従って、鉄道事業にも影響が現れた。いわゆる公人としての意識に欠け、事業を私しようとする為政者や、それを支持する一部有力政治家の行動は、人格を尊重し、義務を重んじることで自らをきびしく律してきた田辺にとって、許容の範囲を超えるものであった。公私を混同した上司に対して田辺ははげしく反発した。その結果は為政者の意に添わぬものとして逆に反感を買うこととなった。元来、実務家であり、現場の仕事に愛着を持っていた田辺であったが、周囲の事情が彼の仕事を次第にやりづらいものに変えていた。

京大教授として後進の技術教育に尽力。生涯を土木技術者として生き抜く

北海道にとどまり、為政者に反抗しても鉄道建設に携わりつづけるか、それとも腐敗した北海道鉄道事業に見切りをつけ、人格を備えた優秀な後進の指導にあたるべきか……。

明治三三年（一九〇〇）一〇月、田辺は再び転身、京都帝国大学理工学部教授として、後

進の指導にあたる道を選んだ。そうしたなかで京都市土木顧問嘱託、さらには名誉顧問となり、第二疏水および上水事業計画に参画することとなった。疏水完成後、事業化していた水力発電は需要が急激に伸び、明治三五年（一九〇二）ごろには増強する必要が生じていた。そこで全線トンネルの第二疏水を建設して発電増量をはかるとともに、水道事業を創設、さらに道路拡幅と電気軌道敷設の三大事業に着手、明治四五年（一九一二）に完成した。烏丸通り、四条通り、東山線などの電車通りはこのとき整備され、現在の京都の市街地整備はほぼ完成したのである。

京都市の都市計画における田辺の貢献は高く評価されており、大正七年（一九一八）には彼を京都市長に推薦する要請があった。しかし田辺はこれを固辞し、生涯一土木技術者としての生き方を貫いた。

明治末期、山陽鉄道は下関まで全通し、九州と陸路連絡すべく関門海峡トンネル構想が持ちあがっていた。欧米ではすでに河底トンネルが開通していたが、海底トンネルは世界的に例がなかった。田辺は明治四四年（一九一一）一〇月、海底隧道線の最初の実地踏査を行い、さらに欧米のシールド掘削現場を視察した結果、関門海底トンネル掘削可能を言明した。

関門トンネル上下線全通に伴う開通式が行われたのは昭和一九年（一九四四）九月九日、田辺朔郎が八三年の生涯を閉じたのは、この日に先立つ四日前の九月五日である。

廣井 勇

（ひろい いさみ・一八六二〜一九二八年）

土木技術で北の未来を切り拓く

「もし工学が
唯に人生を煩雑にするのみのものならば、
何の意味もないことである。
（中略）
人をして静かに人生を思惟せしめ、
反省せしめ、神に帰るの余裕を
与えないものであるならば、
われらの工学には
まったく意味を見出すことができない」

「(前略)廣井君在りて明治大正の日本は清きエンジニアを持ちました。(中略)日本の工学に廣井君在りと聞いて、私共はその将来につき大なる希望を懐いて可なりと信じます。(中略)廣井勇君にその事業の始めより鋭い工学的良心があったのであります。そしてその良心が君の全生涯を通して強く働いたのであります。わが作りし橋、わが築きし防波堤がすべての抵抗に堪え得るや、その深い心配が常にあり、その良心、その心配が君の工学をして世の多くの工学の上に一頭地を抽《ぬき》んでしめたのであります。君の工学は君自身を益せずして国家と社会と民衆を永久に益したのであります(後略)」

昭和三年(一九二八)一〇月四日、廣井勇の告別式で、無教会派のキリスト教徒内村鑑三は右のような「旧友廣井勇君を葬るの辞」を読んだ。札幌農学校の同級生であり、生涯の友であった内村の弔辞《ちょうじ》には、深い信仰に裏打ちされた廣井勇の生きざまを余すところなく映し出している。

伝道師から土木技術者へ。人生を決めた札幌農学校での出会い

廣井勇は文久二年(一八六二)九月二日、高知藩士廣井喜十郎、寅子の長男として土佐国高岡郡佐川村に生まれた。八歳で父と死別した廣井は、一〇歳のとき、侍従を勤めていた叔父、片岡利和に伴われて上京、同家の書生となるかたわら東京外国語学校英語科に入学した。

その後工部大学校予科へ転校したが、明治一〇年（一八七七）、官費生として札幌農学校に入学した。ここで廣井は人生で最大の出会いを持つことになる。

初代教頭のウイリアム・スミス・クラーク教授は服務契約を終えて半年前にアメリカへ帰国し、ウイリアム・ホイラー教授が二代教頭となっていたが、彼らがもたらしたキリスト教はキャンパスに根づいていた。廣井は同期生の内村鑑三、新渡戸稲造、宮部金吾らといっしょに「イエスを信じる者の誓約」にサインし、洗礼を受けてキリスト教の信者となった。

ホイラー教授は豊平橋*の設計者であり、当初は札幌農学校演武場、いまは札幌市大通り公園にある時計台の設計者と伝えられている。三年半の任期満了に伴い帰国したホイラーは、後年土木会社を興すなど実践的な土木技師であった。このような師に土木工学の理論と実際を学んだことが、その後の廣井の土木技術者としての在りように大きな影響を及ぼすことになったと考えられる。

熱心なクリスチャンであり、将来は伝道師の道に進むであろうことを、廣井自身も周囲も疑っていなかった。しかし、廣井は考えた。思い悩んだ日もあったであろう。

この時期、明治一〇年（一八七七）代の日本は発展途上にあり、近代的社会資本は未整備の状態にある。例えば、道のないところに道路を拓き、川には橋を架け、遠方への移動の便をはかって鉄道を敷く。そうすることによって、人びとが暮らしやすい社会をつくること、それが、札幌農学校の官費生である自分の生きる道ではないか。つまり、キリストの山上訓

＊豊平橋：札幌市の豊平川に架かる橋。1800年代後半から、洪水によって何度も架け替えられた。

と伝えられている「万象ニ天意ヲ覚ル者ハ幸ナリ人類ノ為メ国ノ為メ」という教えを実践する方法ではないか。天意として自分に与えられた仕事は、暮らしやすい国土をつくることだ。

こう結論づけた廣井は、ある日、友人たちに告げた。

「この貧乏な国で、民衆に十分な食べ物も与えられずに、神を説いても役立つとは思えない。だから、ぼくは伝道を断念して、いまから工学に入るよ」

札幌農学校でのいくつかの意義のある出会いが、廣井の人生を決めたといっていい。

廣井が伝道師を断念したことで、その役目を継ぐことになった内村鑑三は、弔辞の中で述べている。

「廣井君が工学に入りしは君にとりて最善のことでありました。そしてまた私が伝道に入りしは、私にとり最善のことでありました。結果として、廣井君も私も青年時代に相互に対し誓いし誓約を守ることができたのでありまして、感謝この上なしであります」

札幌農学校教授と北海道庁技師を兼務。拓殖政策の先頭に立つ

明治一四年（一八八一）七月、札幌農学校を卒業した廣井は、開拓使御用掛となり、幌内鉄道建設工事に従事し、橋梁の設計にあたった。列車の試運転が行われたとき、廣井は心配のあまり、顔色蒼ざめ、手足が震えるほどだったが、列車が無事通過するのを見て、ようや

く安心して胸をなでおろしたと、その当時同じ宿舎にいた内村に語った。廣井の技術が成功したことの最初の祝福者となった内村は、そのとき廣井の工学的良心に強く触れたのだった。その良心、その心配があるからこそ、廣井の工学が世の多くの工学の上に一頭地を抜きん出ていると感じたのであった。

明治一五年（一八八二）一一月に工事は完成し、同じ年に開拓史が廃止されると、廣井は工部省御用掛を命じられて東京に移り、日本鉄道会社の東京〜高崎間建設工事の監督として荒川橋梁の架設を担当した。そのころから廣井は周囲がいぶかるほどのケチ生活に徹した。彼はひそかに大望を抱いていた。工学の先進国アメリカに渡り、実地に勉強したいと考えたのだった。渡航費や当面の滞在費は当然自費負担だ。それを蓄えるためには生活費を切り詰めねばならなかったのだ。

工部省を依願退職したのは明治一六年（一八八三）一〇月、その二カ月後、アメリカへ向けて単身横浜港を船出した。大きな飛躍を期して……。

渡米した廣井はまずホイラー先生を訪ねたのであろうか。いずれにしてもアメリカに足を踏み入れた当初の暮らしが容易でなかったであろうと想像するに難くない。仕事探し一カ月余、ようやくありついた仕事はミシシッピー河改修工事の現場、月給は八〇ドルだった。その後、橋梁設計工事事務所、鉄道会社で鉄橋の設計製図、橋梁会社では鉄橋の設計製作を実地に学んだ。こうした業務で得た橋梁に関する知識を、廣井は『プレート　ガーダー　コンストラクション』にまとめ、ニューヨークの出版社から出版した。日本の土木技術者が外国で出版した第一号のこの本は、広く教科書として使われるなど、国際的評価を得る価値あるものだった。

アメリカで知識を磨いていた廣井を、北海道庁は札幌農学校助教授に任じ、ひきつづいてドイツに留学を命じた。アメリカ、さらにドイツで土木工学を研鑽した廣井は五年ぶりに帰国し、札幌農学校教授として河川、港湾、鉄道、道路、橋梁など土木全般を担当するかたわら、道庁技師を兼務、北海道拓殖政策の先頭に立って指揮をとる立場となった。

港湾築港こそ国家重大の事業にして、土木工事の最たり

本州から海を隔てた北海道で日常生活の安定を保つには、港湾を整備し、輸送路を確保することが先決だ。明治三一年（一八九八）に著した『築港』のなかで、廣井は述べている。

「凡《およ》そ物貨の運搬及び積卸《つみおろし》の便否は経済上に至大の関係を有するものにして、その影響するところ単に一地方の盛衰にとまらず、延《ひ》いては一国家貿易の隆替に関するものなり。惟《おも》うに港湾築港のことたるや、実に国家重大の事業にして、その施設の困難なる土木工事中の最たり。故にこれが計画を立てるに当りては、最も慎重に、最も周到を以ってし、百年をおりて違算《いさん》なきを期せざるべからず」

四囲を海に囲まれた日本、本州とは海で隔された北海道。人間や物資の輸送が船で行われている限り、港湾は海上と陸上輸送の結節点として重要な施設である。その意味で、港湾の建設には綿密周到な調査により、「百年の大計」を立てなければならないと廣井は説いている。

ドイツ留学から帰国後、札幌農学校教授と道庁技師を兼務していた廣井は、北海道全域にわたる本格的港湾調査に着手し、設計の基本計画を立てた。とくに函館港、小樽港、釧路港に重点を置いた。なかでも小樽港防波堤は、後世、「入魂のたたずまい」と称えられる廣井の秀作であり、「港湾の父」の称号を不動のものとした。

この時期、小樽は人口四万人を超え、

小樽港北防波堤の第1期工事（1897-1908年）施工中の風景
（国土交通省北海道開発局 小樽開発建設部小樽港湾事務所）

港には石炭桟橋*が設けられ、道庁所在地札幌とを結ぶ鉄道の起点として、北海道の玄関であった。しかし北風が吹きすさぶ外洋に面し、風浪がはげしいため、主要港として機能させるには防波堤を築く必要があった。廣井は地形および深浅測量、ボーリング*による海底地質調査、さらには大試験工事を行い、小樽北方の高島岬から延長約一二八〇メートル、幅約七・三メートル、最大水深約一四メートルの防波堤を設計した。このような細い防波堤は世界に例がなかったが(同じ形式の斜魁式防波堤は、すでにコロンボ港の防波堤があったが、波浪で災害を受け、再度建設している)、計算上は安全であり、日本では未曾有の工事といえる規模であった。

この直前に宮城県野蒜港修築事業の失敗や、イギリス人技師が指導した横浜港築港工事で大量のコンクリートブロック亀裂発生事故があった。したがって、日本政府は北辺の小樽港築港に対して逡巡気味だった。そのうえ帝国議会(いまの衆議院)議員でさえ、埠頭《ふとう》と防波堤の違いを理解していない者がおり、そのような波に洗われるようなところで、積荷の揚げ降ろしができるのかという質問が議会で出るような状態だった。

北海道の未来のため、独自の工法をもって小樽港の築港に全力を注ぐ

廣井は札幌農学校教授を兼務のまま、小樽築港工事事務所長となった。札幌農学校在学中

＊石炭桟橋：貨車で運んできた石炭を降ろすための高架桟橋。
＊ボーリング：円筒状の穴をあけること。

に「この貧しい国で、民に十分な食べ物も与えられずに神を説いても益するところなし」と工学に進んだ廣井である。シビルエンジニアとしての心構えは「実ニ技術者千歳ノ栄辱ハ懸テ設計ノ上ニ在リ之ガ用意ノ慎蜜遠図ヲ要スル亦《ま》タ以テ了スベキナリ」であった。北海道の地に限りなく愛情を注ぎ、北海道拓殖を進め、明るい北海道の未来を築くために、小樽港の築港に全身全霊をかける意気込みがあったであろう。施工法、材料、設計法、海象《かいしょう》などほとんどが未経験な状態のなかで、廣井は一切の陣頭指揮をとった。

　アメリカの建設会社に従事した経験から、防波堤建設には機械土工を導入した。高島岬に倉庫とセメント工場を建て、工場でつくられた*バラストやコンクリートブロックを、イギリスから輸入のゴライアスという*軌道起重機に積み、機関車で防波堤の先端まで運搬し、タイタンと呼ばれた積畳機で水中に設置した。日清戦争後の工業熱のあおりを食って、北海道への出稼ぎが激減していた折から、労働力の軽減をはかる必要性に迫られていたのも事実であった。

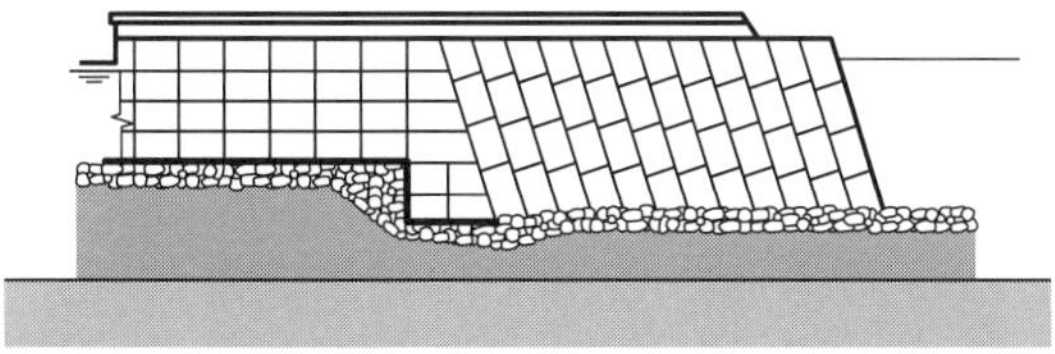

小樽港の防波堤断面図
『小樽築港工事報文』より作成

＊バラスト：構造物や鉄道の枕木の下に敷き、基礎材への荷重の集中を防ぐための砂利や砕石のこと。
＊軌道起重機：脚柱の下部の車輪によって軌道の上を移動する起重機。

廣井が最も意を用いたのが波力とコンクリートブロック製造に使用するセメントの品質、配合、そして施工だった。セメントに火山灰を混入するなど、わが国では例のない工法を採用した。海水がブロックに浸入して崩壊しないよう、徹底的に搗固《つきかた》め法*を指導し、自らスコップを手に率先して作業を行った。冬季は低温の北海道ではセメントが使えないため、その時期は海底の捨石*を均《なら》す作業を行った。この現場には京都の琵琶湖疏水建設工事に従事した技術者青木政徳もおり、水温が二～三度という寒冷身を裂く海中に潜って、自ら均し具合を確かめていた。

防波堤本体となるブロックは一個の重量が一四～二三トン、水平に対して七一度三四分の角度で積んだ。堤の前面には重量一六トン内外の塊《かたまり》数個を配列して、激浪の衝突力を減殺し、基礎捨石の転動を防止した。

若い土木技術者の育成に必要とされた「人間・廣井勇の良心」

廣井勇は小樽港築港に、土木技術者としての経験、知識、信念、情熱、誇りといったすべてを注いだが、最大のものは「責任」であったといえるだろう。彼はこのとき、海中に置かれたコンクリートは人造石でありながら、永久構造物となり得るとの確信をもって、防波堤に使用したコンクリートと同じコンクリートブリケット（長径約八センチ、厚さ一センチ足らずのもので、テス

＊搗固め法：砕石や盛土、コンクリートを突いたり叩いたりして密実に固める作業。
＊捨石：河川工事や港湾工事で水底に基礎をつくったり、水勢を弱くしたりするために水中に投入する石。

トピースとも呼ばれている）を六万個以上つくった。自らがつくった土木構造物に対して、遠い将来にわたって責任を持つことを明確に示したのだ。

「廣井君はその心の奥底において工学博士であるよりも、むしろ堅実なるクリスチャンでありました。（中略）いかなる精神を以って才能を利用せしか、ひとの価値はこれによって定まるのであります」

内村鑑三は弔辞の中で、こうした「人間・廣井勇の良心」に賛辞を贈っている。

小樽港北防波堤は明治四一年（一九〇八）に完成した。「廣井のコンクリートブリケット」は現在も国土交通省北海道開発局小樽港湾事務所で引張試験が行われている。小樽港北防波堤に使用されたコンクリートが、どれくらいの引っ張り力に耐え得るかのテストである。

小樽港築港に関して、調査成績を検討し、設計を確立させる立場にあった内務省技監古市公威が現場を視察したのは明治二八年（一八九五）一一月のことである。このとき古市は廣井と接し、廣井の人格に触れた。その結果、廣井の人格は北海道だけでなく、日本の若いシビルエンジニアを育成するもっと広い場で必要とされることになる。

明治三二年（一八九九）九月、廣井は北海道庁技師を兼務、東京帝国大学工科大学教授に任ぜられた。

廣井の信念「民衆の暮らしを少しでも豊かなものにしたい」

小樽築港における廣井の業績は、港湾技術者としての評価をゆるぎないものにしたといっていい。東京帝大教授のかたわら廣井が係わった港湾は、北海道、青森県、秋田県、静岡県など国内ばかりでなく、満州や台湾、韓国と枚挙にいとまがない。その根底に「民衆の暮らしを少しでも豊かなものにしたい」と、伝道を断念して工学に生きるという、土木技術の実践を選んだ廣井の信念があったといえるだろう。

しかし、彼は信仰を捨てたのではなく、親しい友人でさえ気がつかなかったが、生涯祈りに徹したクリスチャンであった。内村鑑三が述べるように、この隠れた信仰が、廣井が成し遂げたすべての大事業を聖《きよ》めたのであろう。

そして廣井勇は語っている。

「もし工学が唯に人生を煩雑にするのみのものならば、何の意味もないことである。これによって数日を要するところを数時間の距離に短縮し、一日の労役を一時間に止め、人をして静かに人生を思惟せしめ、反省せしめ、神に帰るの余裕を与えないものであるならば、われらの工学にはまったく意味を見出すことができない」

八田與一

（はったよいち・一八八六～一九四二年）

台湾、不毛の地に命の水を流す

「工事は烏山頭《うざんとう》でやっているから、
家族もここで暮らさなければならない。
なぜなら、時間が経つとともに
家族のことが気にかかり、
全身全霊で工事に打ち込むことが
できなくなるからだ。
それでは工事の質がよくなるはずがない」

八田與一、外代樹《とよき》夫妻の墓が、台湾省台南県の堰堤《えんてい》*に建てられたのは、昭和二一年（一九四六）一二月一五日、敗戦によりすべての日本人が引き揚げたのちのことである。建てたのは地元の農家たち、台湾省嘉南農田水利会の会員である。以来、毎年欠かさず、五月八日の八田の命日には墓前祭が営まれている。日本式御影石の墓碑の前には、堰堤にどっかと腰をおろした八田の、作業服姿の銅像が設置されている。立てた片膝に肘をついた手で頭髪をひねくり回しながら、思索していた在りし日の八田技師の姿そのままに。すべての日本人の銅像が撤去された現在、台湾に現存する唯一の日本人の銅像である。八田與一は不毛の大地といわれていたこの地を豊穣の地に変えた。インフラを整備するだけにとどまらず、それが後世まで人びとの暮らしを豊かにするような方策を立てた。彼がいまもなお「神さま」と敬われ、「嘉南大圳《たいしゅう》の父」と慕われている所以である。

嘉南平原の農民に平等に水の恩恵を

八田與一は明治一九年（一八八六）二月二一日、石川県河北郡今町村（現金沢市今町）の豪農、八田四郎兵衛、サトの五男として生まれ、金沢一中、第四高等学校から東京帝国大学土木工学科に進学した。明治四三年（一九一〇）、同大学を卒業した八田が仕事の場として選んだのは、国内ではなく未開の台湾だった。彼は狭い日本国内ではなく、未知の可能性を

＊堰堤：ダムや堰のように河川・渓谷を横断してつくられる堤防。ここでは、烏山頭ダムの堰堤を指す。

秘めた外地で、思う存分自分の技量を活かしてみたかった。在学中に廣井勇教授の国際感覚豊かな薫陶を受け、ただ一人の日本人としてパナマ運河建設に従事した六年先輩の青山士《あきら》の話に触発されたこともある。だが彼自身、官位や地位のためではなく、後世の人びとに多くの恩恵をもたらすような仕事に就くことを望んでの選択だった。それは少年時代から豊かなアイデア、ユニークな発想の持ち主であり、ときに「八田屋の大風呂敷」と渾名された彼らしい生き方を目指しての選択でもあった。

台湾は明治二八年(一八九五)、日清戦争で勝利をおさめた日本が初めて領有した地であり、その経営には有能な人材が投入されていたが、八田もそうした人材の一人であったといえるだろう。

台湾総督府土木部技手として上水道工事や灌漑工事を担当していた八田が、台湾南部開発計画の一環として、水力発電用の水源と灌漑用ダム建設を目的とする嘉南平原の調査を命じられたのは大正七年（一九一八）のことだった。

マラリアやアメーバー赤痢の蔓延する未開の土地に分け入って実地踏査をした八田の目に映った嘉南平原の実態は……。

嘉義から台南に広がる台湾最大の嘉南平原は気候温暖で、二毛作、三毛作が可能であるにもかかわらず、水利の便がまったくないために、天から降ってくる雨だけを頼りに稲の種まきをする旱天田だった。しかも雨季には集中豪雨となり洪水をもたらして、田畑も家屋も浸水する。乾季には季節風で砂塵が舞いあがり、井戸が涸れて飲料水の確保もできない状態となる。海岸に近い地域では塩害をこうむる。旱魃と洪水と塩害の三重苦が支配する不毛の土地であった。しかし、水利施設さえ整備すれば、まちがいなく肥沃の土地に生まれ変わり、台湾最大の穀倉地帯となり得る土地であった。

台湾のことばで、貯水池は「ヒ」、農業用水路は「シュウ」という。その規模の大きさから、のちに「嘉南大圳」と名づけられたこの灌漑計画は、台湾最大の河川、濁水渓（台湾では川を渓という）と曽文渓の上流、烏山頭にダムを築いて水源とし、一万キロの給水路と六〇〇〇メートルの排水路を設けることで、一五万ヘクタールの土地を灌漑しようというものである。水の恩恵なくして、不毛の地を緑の大地に変えることはできない。

八田は実地踏査中に、やせた荒地で耕作する貧しい農民たちの姿を目にした。計画中の灌漑用ダムの恩恵は、この地方の農民が平等に受けられるものでなければならないと八田は考えた。豪農の子とはいえ、農家の出身である八田は、耕しても耕しても作物のできない土地に住むほど惨めなものはないことを、幼少のころから皮膚感覚的に理解していた。

烏山頭ダムができても、一五万ヘクタールの土地のすべてを灌漑するには絶対量の水が足りない。一部の土地にだけ給水すれば、その土地からは毎年米の収穫が見込める。しかし、給水を受けない残りの土地は不毛のままで残り、米はおろか、さとうきびや雑作物さえ、ろくに収穫できない状態が永久につづくことになるだろう。給水を受ける農民は収入が増えて豊かになり、その地域だけは近代農法が行われるようになるだろうが、それ以外の農民は封建的な農法がいつまでもつづき、貧しさから脱却できない。同じ嘉南に住む農民が、住んでいる場所の違いだけで、富める農民と貧しい農民とに分けられてしまう。これは台湾の将来にとって決していいことではない。

八田が考え出したのが輪作であった。嘉南平原を二つか三つに分け、一年ごとに給水区域を変えていくことによって、すべての農民に平等に水の恩恵を受けさせる。水がくるA地域は値の高い米をつくり、水のこないB、C地域ではさとうきびやとうもろこしなどの雑作物をつくる。次の年にはB地域に水を送り、A、C地区が雑作物をつくる。この方法を実施しなければ、嘉南平原の農民を貧困から救うことはできない。

のちに三年輪作給水法と呼ばれるようになった構想を、八田は計画段階から早くも抱いていた。灌漑施設は、それを利用する農民すべての生活や大地を好転させなければ、ほんとうに活かされたとはいえないのである。すべての農民の土地に平等に水を送り、すべての農民に平等に豊かな暮らしを与えなければ、建設に携わった技術者の心が活かされたとはいえまい。ことばを替えれば、灌漑施設というインフラは可視的なものだが、それ以外に目に見えないものを八田は台湾の地に残したといえよう。

仏の前ではだれもが平等、真宗の盛んな加賀の地に生まれ育った八田には、親鸞の教えが浸透し、人格形成のひとつの柱となり、基本姿勢となっていたのであった。

「八田屋の大風呂敷」。常識外れの独創性が困難を可能にする

嘉南大圳プロジェクトの総事業費は四二〇〇万円。この時期、総督府の年間予算は三〇〇〇万円である。総督府は三〇〇〇万円を利害関係団体が負担し、残り一二〇〇万円を政府の援助とすることとした。

「後藤さんが敷いたレールの上を、私は走ったのだ」と八田はつねづね語っていたが、明治三一年（一八九八）、児玉源太郎総督の下で民生局長を務めた後藤新平は、台湾の開発発展に重要な施策として事業公債の発行を行い、嘉南大圳事業もこの公債発行手法によって事業化されることとなったのである。

大正一〇年（一九二一）、事業実施機関として嘉南大圳水利組合が設立された。計画段階から参画し、設計に大きく携わった八田は、いったん総督府技師を辞任し、組合技師として烏山頭貯水池工事事務所長の任に就いた。このとき八田、三四歳。

烏山頭ダムは堰堤長一二七三メートル、高さ五六メートル、低部幅三〇三メートル、頂部幅九メートル、貯水量一億五〇〇〇万トン。

約一・三キロもある長い堰堤の建設に、八田はセミ・ハイドロリック工法を採用した。コアの部分にのみわずかな鉄筋コンクリートを用い、現場近くで採取できる良質の土石を積み

あげてから、強力なポンプで射水することによって締め固めるという湿式工法*のフィルダム*である。

ダム先進国のアメリカでも、これほど大規模のものをこの工法で建設した経験はなく、当然のことながら日本には前例のない、当時としては常識外れの独創的なものであった。しかし、現場が地震多発地であるのと、ダムサイトに適した強力な岩盤がないところから、八田は原書の技術書を熟読し、研究を重ねた末に、この工法を採用したのだった。

さらに八田はこの工事に大型土木機械の導入を考えた。この時期、日本にはたった三台のパワーショベルがあったに過ぎない。機械力より人力の方が高く評価されていたともいえるが、機械があっても使い方を知っているものがいないのが実情だった。

「これだけ大規模の工事を人力に頼っていたのでは、完成が遅れるだけだ。工期が長引けば、その分一五万ヘクタールの土地が不毛のままで眠ることになる。多少高い機械を買っても、工期が短くなれば、それだけ早く土地が金を生むから、結果的に安いものになる。近い将来、機械力の時代がくる。それに備えてオペレーターの養成が不可欠だ。この現場でそれをやるんだ」

「八田屋の大風呂敷」的発想は、時代を先取りしていたといえる。事実、嘉南大圳が完成したのち地価が急騰し、工事費の二倍以上の価値を生み出している。

八田は一人の技師を伴って渡米した。ハイドロリック工法のダムの視察に加え、重機の購

＊湿式工法：モルタルや漆喰、土壁など、現場で水を混ぜて練った材料を使って仕上げる工法。
＊フィルダム：コンクリート主体ではなく、土砂や岩石を積み上げてつくるダム。

入が目的だった。大型ショベル五台、小型ショベル二台、ダンプカー一〇〇台、ジャイアントポンプ五台、機関車一二両、コンクリートミキサー四台などなど。

烏山頭ダム現場では、先に設置された鉄筋コンクリートのコアに向かって、機関車が牽引したトロッコが回転式に土砂を落とし、次にジャイアントポンプによる射水作業の繰返しで、高さ五六メートルの堰堤が延々と築かれていった。八田が主張した機械力の効果は確実に現れていた。

工事関係者のために住宅、病院、娯楽施設などを整備

「技術者を大事にしない国は滅びる」

というのが、八田の信条であり、彼は生涯この考えを貫き通した。

「よい仕事は、安心して働ける環境から生まれる」

というのも八田の信念であった。

「工事は烏山頭でやっているから、家族もここで暮らさなければならない。なぜなら、時間が経つとともに家族のことが気にかかり、全身全霊で工事に打ち込むことができなくなるからだ。それでは工事の質がよくなるはずがない」

というのだ。八田は大規模な工事を始めるにあたり、現地に職員用二〇〇戸の住宅をはじ

め、職員が家族とともに安心して仕事ができるように、病院や学校、大浴場、さらには弓道場、テニスコート、囲碁や麻雀、玉突きなどができる娯楽施設もつくった。所長以下、従業員、クーリーと呼ばれた現地人作業員にいたるまで合わせて二〇〇〇人の住人が、家族といっしょに暮らせる町づくりである。

健康面の管理も徹底させた。月に一、二度、どんなに「村民」がいやがっても、必ずマラリアの特効薬であるキニーネを全員に飲ませた。八田は一軒一軒の家を回り、丸薬を口に入れ、飲み込むのを見届けるまでは立ち去ろうとしなかった。

彼は日本人、台湾人といった人種差別を決してしなかった。ダム完成後、八田が中心となって建てた一三四名にのぼる工事犠牲者慰霊碑には、死亡した順に名前が刻まれているが、それは人種差別することなく、あくまで人間を平等に扱った八田の心の現れであり、いまも現地で神さまのように慕われているのは、こうしたことに起因している。

「みんな人間だ」

この考えの下で、八田は所長というより、大家族の家長のような存在であった。この時期、八田と妻、外代樹とのあいだには二人の子どもがいたが、烏山頭ダムが完成するまでの一〇年間に、子どもの数は二男六女、八人に増えた。そして子どもたちにとっても、烏山頭での生活は、桃源郷のように平和で楽しいものだった（八田の長男、晃夫氏の述懐）。

烏山頭宿舎に住む全員が分け隔てなく、八田夫妻を家長のように慕う、いわば八田ファミリーだったといっていい。

不毛の地を台湾の穀倉地帯へと変身させる

計画から一三年、着工から一〇年、昭和五年（一九三〇）五月一〇日、満々と水をたたえた珊瑚潭《さんごたん》（その形が似ているところから名づけられたダム湖）を見下ろす丘の上で、烏山頭ダム竣工式が執り行われ、烏山頭宿舎大家族あげての盛大な祝賀会は三日間つづいた。

一万六〇〇〇キロに及ぶ給排水路工事、分水路、給水門、放水門、余水吐《よすいばき》、水路橋などなど……、昭和七年（一九三二）にはすべての工事が完了し、その翌年には早くも嘉南大圳の経済的効果が顕著となった。

嘉南大圳の完成に伴い、八田の部下であった中島力男が三年輪作給水法の指導を実地に行った。そして三重苦に泣かされていた不毛の土地は「台湾の穀倉地帯」へと生まれ変わり、嘉南六〇万の人びとに経済的恩恵をもたらすことになったのである。

「八田技師の銅像を建てたい」という声が、関係者の中から澎湃《ほうはい》として起こったのも、仕事に対するきびしさのなかにも、八田の人間的な温かさに触れた人びとの心からの要望だったのだろう。八田は辞退した。堰堤は自分ひとりでつくったのではない。みんなの心と力を一つにして完遂させたのだ。それに、正装し、威厳に満ちた顔をして高い台の上に聳え立つような銅像は、自分にはふさわしくない、というのが八田のいいぶんだった。

こうした経緯をふまえて昭和六年（一九三一）七月八日、堰堤の上に建てられた銅像は、本項の冒頭に述べたような、現場で思索するときのお決まりのポーズであった。機嫌のいいときは前髪をひねくり、いらだっているときは耳のうしろの髪をいじっていた。こういうときは、さわらぬ神に祟りなしとばかり、周囲のものは八田のそばへ近づかないようにした……、というエピソードが残されている。

だが、第二次世界大戦中の昭和一九年（一九四四）、軍用物資不足を補うために銅像や金属類が強制供出させられ、八田の銅像も例外ではなく、いずこかへ運び

八田與一の銅像と夫妻の墓（土木学会）

去られた。敗戦から一年余り経った日、回収した銅像の集積場で偶然見つけ出された八田の銅像は、台湾の心ある人たちの手で取り戻され、水利組合事務所の中にひそかに隠された。再びもとの位置に銅像が据えられたのは昭和五六年（一九八一）一月一日、烏山頭から持ち去られてから三七年後のことである。

烏山頭水庫（ダム）完成後、八田は総督府技師に復帰した。昭和一七年（一九四二）五月八日、陸軍省から南方開発派遣要員としてフィリピンへ向かう途中、乗船大洋丸は米潜水艦の攻撃を受け、八田は戦死した。五六歳だった。

台湾をこよなく愛し、台湾のために献身的に働いた日本人土木技術者八田與一は、「飲水思源」の思想を大切にする地元、台湾のひとたちのあいだで、日本と台湾の架け橋として語り継がれ、いまも嘉南大圳の父と慕われている。

赤木 正雄

（あかぎ まさお・一八八七〜一九七二年）

砂防技術に生涯をかけた「砂防の父」

「技術の尊厳は、
技術者が自らを理解のうえ、
自分の行う事業が将来如何に国家のため、
人類のために貢献するかに
大きな誇りを感じてこそであり、
この信念なくして徒《いたず》らに技術官に
身を起こすことに根本の誤りがある」

「思うに治水事業は決してはなばなしい仕事ではない。極めて地味な働きである。しかし人生は表に立って活躍するばかりが最善ではない。よって誰か諸君のうち一人でも一生を治水にささげて、毎年襲来するこの水害をなくすことに志を立てる者はないか」

明治四三年（一九一〇）九月、第一高等学校*の始業式における新渡戸稲造校長の訓辞で人生を決めた学生がいた。

「私は治水に身を委ねよう、しかも河の源から治める道に従事しよう」

後年、「砂防の父」と呼ばれるようになった赤木正雄は、このとき、砂防*に生涯をかけることを決意したのだった。砂防事業そのものの重要性に、行政も技術者も目覚めていなかった当時、それは茨の道を切り拓くにも似て、地道な努力をこつこつと積み重ねる苦労の連続であった。

いくつかの赴任地を巡り、社会資本の整備に携わる技官の在りように思いを致す

赤木正雄は明治二〇年（一八八七）三月二四日、兵庫県豊岡市に生まれた。明治四三年（一九一〇）九月の台風で、関東地方は大洪水に見舞われ、東海道線は線路が寸断された。第一高等学校生であった赤木はふるさとで夏休みを過ごし、東京へ戻る途中でこの災害に遭遇した。東海道線は御殿場の先で線路がずたずたに切断して流失していた。柳行李《やなぎごうり》をかつぎ、

＊第一高等学校：現在の東京大学教養学部、千葉大学医学部、薬学部の前身となった旧制高等学校。
＊砂防：土砂災害を防止・軽減するための対策。砂防ダムや堰堤の建設から、傾斜地崩壊対策や地すべり対策、環境保全対策まで幅広い。

雨のなかを歩いて次の駅にたどり着くという辛酸をなめたのだった。水害による人びとの苦労を身をもって経験し、治水の必要性を痛感していた矢先の新渡戸校長のことばは、強烈なインパクトを伴って、赤木の心に染み透ったのである。

大正三年（一九一四）、東京帝国大学農学部林学科を卒業、内務省に入省した。面接にあたった沖野忠雄技監は砂防を国の根幹事業ととらえており、赤木が大学で三年間植樹を学んだと答えると、即座に採用を決定した。

内務省大阪土木出張所（現国土交通省近畿地方整備局）勤務となった赤木の最初の赴任地は滋賀県栗太郡の下田上砂防工営所（いまは工事事務所という）だった。

明治初年（一八六八）にオランダから招かれたファン・ドールンやデレーケらの土木技術者は、大河川の治水計画に際して、まず水源地を踏査し、山地の荒廃に驚いたという。そして河川改修に先立つ砂防の急務や、改修費の四倍の工費を砂防に充てる必要性を説いている。しかし、明治初期の土砂留工*は、山から掘り取ってきた松などの木を植えたり、崖地に草木の種子を粘土に混ぜて投げつけるといった極めて幼稚な工法がとられていた。明治三〇年（一八九七）ころからは法切《のりきり》工*といって、急峻な禿山の法面《のりめん》を緩傾斜に切り崩し、水平の階段を設けた上に草木の苗を植えつけるなどの工法が行われていた。

この現場で赤木は、土地が痩せて荒廃した山地の砂防植栽は、松苗と他の広葉樹苗木の混植が適していることを学んだ。同時に、苗木が生育して砂防目的を達するころになると、地

＊土砂留工：土砂が崩れ落ちるのを防ぎ止める工事。
＊法切工：土砂崩れなどが起こらないよう、斜面を整形する工事。

元の住人が盗伐して薪にしたり、花屋に売ったりする不届者がいる現実にも直面した。これほど心外に思うことはなかった。

次の赴任地は徳島県、吉野川砂防工事事務所。主として植樹による山の砂防から、床固堰堤を設置する谷川の砂防に従事することになった。毎日地下足袋姿で自転車に乗り、作業員より早く事務所に出勤するという精勤ぶりであったが、この時期、社会資本の整備に携わる技官の在りように思いを致し、この理念を骨の髄に摺り込ませている。

「技術官は直接国民を災害から護り、国土を安定させ、産業の基盤を創り、文化向上の源泉を劃《かく》して、黙々と興す業績はいつか立派に結実して永遠に国家に寄与する。一般事務官が眼前の栄職を追うて酔生に終始するものとは人間として格段の相違があり、わが国のごとく未だ国民の大部分が技術の真価を理解しない現在では、技術の尊厳は、技術者が自らを理解のうえ、自分の行う事業が将来如何に国家のため、人類のために貢献するかに大きな誇りを感じてこそであり、この信念なくして徒らに技術官に身を起こすことに根本の誤りがある」

自費でのヨーロッパ留学時、恩師新渡戸稲造と再会して決意を新たに

大正一二年（一九二三）五月、赤木は内務省を休職し、私費で砂防技術先進国のヨーロッパへ留学した。吉野川工事事務所在勤中に原田貞介技監から借りた砂防に関する原書を写し

た実績があり、ドイツ語が堪能だった。ドイツ国内から北欧諸国を経て、主目的地のオーストリアに入り、同国農林省砂防局長の紹介で農科大学や水利*試験所で研究に参加したり、五〇カ所余りの砂防と河川工事を実地視察した。ヨーロッパは日本と異なって台風による降雨がなく、そのうえ国民一般に治水思想が高く、いたるところ見事な治水の成果を収めているのを目の当たりにした赤木は、しみじみ羨ましいと思った。

スイスのジュネーブではそのころ国際連盟事務局次長の要職に就いていた新渡戸稲造と、十数年ぶりに邂逅《かいこう》した。一高時代に新渡戸校長の訓辞を聞いて一念発起、砂防の道を歩き出した赤木にとって、異国での恩師との再会は、心が震えるほどの感激とこみあげるうれしさがあったであろう。二年足らずの外国生活は、終世忘れ難い自由なたのしい砂防の旅であった。

大正一四年（一九二五）四月、内務省に復職した赤木は、砂防に専念することになる。

常願寺川（立山）砂防の初代所長として白岩砂防ダムを設計

内務省復職とときを同じくして起こったのが富山県常願寺《じょうがんじ》川の砂防問題だった。

常願寺川は水源立山連峰の大鳶《おおとんび》山《やま》が安政五年（一八五八）二月二六日、推定マグニチュード七前後の地震で崩壊し、膨大な量の土砂が立山カルデラ*内外の渓谷を埋め尽くし、上流の

＊水利：農業用、飲用、消火用など、水を利用すること。
＊カルデラ：火山活動によってできた広くて大きな凹地。

湯川を堰き止めてしまった。そのため上流には湖のような大きい水たまりがいくつもできた。同年三月一〇日、再び起こった地震によって、川を堰き止めていた土砂が崩れた。上流に溜まっていた水が大量の土砂とともに一気に流れくだって大洪水となり、泥流に混じって巨岩、巨石が押し寄せた。

その一カ月半後にはさらに大きい土石流が常願寺川下流を襲い、堤防を一気に破壊し、富山平野に押し寄せた。この二度にわたる土石流によって、死者一四〇人、負傷者およそ九〇〇〇人、おびただしい数の家屋が被害を受けた。

以来、常願寺川では洪水・土砂災害が年ごとにはげしくなった。立山カルデラ内には二億立方メートルの土砂が残っており、これは富山平野全体を平均二メートルの厚さで覆うほどの量である。富山県では明治三九年（一九〇六）に国庫補助を受けて、上流の砂防工事に着手していたが、その後も度重なる出水で砂防ダムが破壊されるなど、もはや一県で行うには工事の規模が大きすぎるところから、国の直轄事業として行うよう、国に働きかけた。そして大正一五年（一九二六）五月、砂防法を改正したうえで、常願寺川砂防は国に引き継がれることとなった。

ヨーロッパから帰国直後の赤木は、常願寺川（立山）砂防の初代所長となった。「治水の根本は砂防にある」という考えのもと、日本の治水行政に砂防技術を反映させるべく、赤木は取り組んだ。立山砂防工事は冬季は積雪のため、夏季だけしか行えない。雪解けを待って初めて現場へ行った赤木は、目の当たりにした光景を次のように述べている。
「ひとたび豪雨に遭遇して白岩、多枝原《だしわら》谷、泥谷、鬼ヶ城等砂防施工地域内の山々に起こる大崩壊は、ちょうど遠雷の轟くがごとくであり、一瞬にして全山を崩落土砂の土煙で覆い隠し、激流に押し流される巨岩の激突する響きは地を震わし、時々激磨の岩石は水中で閃光を発する」

都会の人びとの多くは、夏季登山の立山から涼しさと自然美だけを連想し、立山砂防を別天地のように考えるであろう。いまでは年間一五〇万人の観光客が訪れるというアルペンルートから、尾根ひとつ越えカルデラ――。その別天地では山が崩れ、川が荒れる。そこには、残雪のころに山に入り、初雪を見るころまでは下山することなく、下流域を土石流の被害から護るために、営々と砂防工事にいそしむひとたちがいる。そのことを心にとどめてほしいと、赤木は叫びたいほどの思いを抱いたのであった。

千寿ヶ原（富山地方鉄道立山駅）から十数キロ

立山砂防、白岩堰堤工事設置確定箇所付近（土木学会）

ばかり、標高差は八六〇メートル、常願寺川を遡った山の中の立山温泉宿（その後に起こった土石流で埋没して、いまはない）の一部を仮の工事事務所として、綿密な現地調査を行った赤木は、土石流に対抗できる材料としてコンクリートを採用した白岩砂防ダムを自ら設計した。本ダムの高さは六三メートル、七基の副ダムをあわせると落差は一〇八メートルとなり、日本一の高さである。

常願寺川上流域に設けられた砂防ダムは数え切れないほど多いが、白岩砂防ダムは不安定な土砂をカルデラの出口で押さえ込み、常願寺川の砂防計画の土台となっている。

工事開始に伴い、赤木は切り立った山の法面にいくつものスイッチバックを入

現在の白岩堰堤（富山県教育委員会）

れたトロッコ軌道を敷設した（立山カルデラ内にある砂防工事の最前線基地、水谷出張所までの一八キロが完成したのは昭和四〇年（一九六五）、レールも一メートルあたりの重量が当初の六キログラムから一五キログラムに大きくなった）。この小さな軌道はトロッコマニアや観光客にとって、いまでは最高の魅力になっているが、現在もなお、砂防工事用の材料や作業員たちの運搬用として、重要な役目を果たしている。

リュックを背負って全国を歩き回る

常願寺川砂防工事事務所長専任となることを、新潟土木出張所長（現北陸地方整備局長）からは強く要求された。しかし、赤木は同意しなかった。常願寺川砂防工事はおそらく世界最大の砂防事業だが、彼が目指していたのは、国内全般の砂防技術の革新であり、治水技術の根幹の樹立であった。赤木は内務省土木局と新潟土木出張所を兼務し、夏季の砂防工事施工可能の期間は常願寺川砂防工事事務所に、それ以外は土木局に勤務して、全国的に砂防事業に情熱を傾けた。

石川県手取川、岐阜県揖斐川、栃木県鬼怒川、鳥取県天神川、兵庫県六甲山……、赤木が手がけた直轄砂防工事は日本全国に及んだ。砂防施工地へ出張するときは、工事箇所付近だけの調査にとどめず、その山奥がどのように荒廃しているかという水源の調査まで徹底的に行うのが常だった。

現場へ出かけるときはいつもリュックサックに登山靴の山歩きスタイルと決まっていた。これはオーストリアに滞在時、案内にたった農林省ヴィンター教授から得た教訓が身についたものだった。終日岩石の多い山地を歩き回るのに、いちばん相応しいのだ。帰国後もこのスタイルを通した赤木だったが、災害視察の大臣に随行すると、かならず警備の警官に制止され、あとで笑い話の種にされたものだ。

砂防に対する理解の欠如を痛感。砂防協会を設立して、予算の獲得に動く

「どこの地方でも山村の大水害の有様《ありさま》はそうであるが、先祖代々血と汗で拓いた僅かの耕地が累々たる石河原と化し、今後どこに食を求めるやら、殊に家は傾き財は流されて、ただ茫然といまは清く静かに流れる谷川を見つめつつ行く末を思い案ずる農夫の姿ほど胸をうつものはない」

災害現場を視察するたびに、赤木は胸を痛めた。

河川と砂防の両事業は密接な関係があり、水源における砂防施工の強化が、下流河川の改修に極めて良好な結果をもたらすものであるにもかかわらず、ともすれば「砂防」に対する偏見に、赤木はかねてから不満を抱いていた。省内においてすら、砂防の重要性に十分の認

識が欠如している。その証拠に、昭和一〇年（一九三五）度の国庫補助額が大幅に減額された。このことが新聞に報じられたとき、四人の長野県会議員が赤木を訪ねてきた。そして県内各地で砂防工事が施工された地方は、前年の大洪水に際して災害を免れたことを告げ、「長野県のような山国では、河川、道路工事にいたるまで砂防が基礎をなしていることがわかった以上、次年度も従来同様の砂防が施工できるだけの予算を計上してもらいたい」と申し入れた。砂防予算の獲得に苦慮しているのは、ひとり赤木だけだった折柄、この陳情に赤木は勇気づけられた。

今後は広く国民の砂防事業に関する理解を深め、大衆の熱意の結集によって砂防予算の獲得をはかる方が、省内で上司に対して予算の増額を陳情するより、効果があることに気づいたのだった。いまでいうパブリック・インボルブメント*を味方につけようというのである。

国民とともに進む手段として赤木が積極策をとったのが、砂防協会の設立だった。昭和一〇年（一九三五）、赤木は全国治水砂防協会を創設し、本部を内務省内の赤木の執務室に置いた。さらに各府県に支部を設け、砂防事業に関係の各市町村と協会の趣旨に賛成の個人と団体を協会員とした。協会の会計は当分のあいだ、賛助会費と寄付金を充てた。協会設立はいわば予算獲得のための背水の陣であった。

＊パブリック・インボルブメント：公共工事の計画策定に、住民の参加を募って意見を反映させること。

次第に理解される砂防事業の重要性。内務省退官後も初志貫徹に邁進

昭和一〇年（一九三五）代には各地で度重なる水害が発生した。赤木は内務大臣や議員たちの災害地視察に随行し、水源まで案内して、砂防の必要と重要性を認めさせた。やがて砂防事業に理解を深める議員も増え、議会では砂防論議が活発となった。水害の防止には堤防を築くだけでなく、基本を治めること、すなわち治水の基本は砂防にあることが認められてきたのである。砂防事業の基礎は次第に確立されていった。

昭和一七年（一九四二）三月、赤木は同期の勇退に合わせて内務省を退官した。赤木自身は日本における砂防の現状を考えれば、まだ辞める時期ではないとの思いが強かったが、立場上やむを得なかった。退官後の就職については二、三の会社から話はあった。しかし、単に生活のために砂防事業貫徹の素志を曲げる意思は毛頭なかった。さらに砂防に邁進する道を選んだ赤木は、砂防協会常務理事に就任した。

昭和二一年（一九四六）には貴族院議員に勅撰され、翌年からは参議院議員となり、同二三年（一九四八）一一月には天皇陛下に「砂防工事と治水」についてご進講した。一時間半の予定が三時間に及び、「陛下が年々の災害につき深く憂慮遊ばされ、これを防除する方途として水源山地の植林と下流河川の河川工事のほかに砂防工事の重要性につきご関心を給

わったことはこの上もなく有難いことと感激して、いっそう砂防に邁進の意を新たにした」のだった。

砂防協会を将来にわたって発展させるためには、維持財源を会費と賛助会費に依存するだけでなく、独自の会館を建設して運営する必要があると赤木は考えていた。敗戦をはさみ、紆余曲折の末に永年の念願であった砂防会館が竣工したのは昭和三五年（一九六〇）。午前五時五〇分に会館に出勤し、自室の拭き掃除をすませてから館内を見回るのを日課とした。

赤木正雄は、昭和四七年（一九七二）九月二四日、日課であった自室の清掃中に倒れ、「砂防一路」を貫いた八五年の生涯を閉じた。

釘宮 磐

（くぎみや いわを・一八八八〜一九六一年）

九州と本州を海の底で結ぶ

「海峡の人柱となっても、
かならず成功させねばならない」と、
関門海峡トンネル試掘坑道
九州側坑口での
起工式で述べた抱負を、
釘宮は日々新たにしていた。

昭和一七年（一九四二）一一月一五日早暁、門司駅に到着した列車を、門司市民は歓呼して出迎えた。それは下関から関門海底トンネルを抜け、地つづきに九州に到着した一番列車だった。九州のひとたちが久しく待ち望んだ本州からの直通列車だったのだ。

その日、下関の関釜《かんぷ》桟橋大待合室で催された開通式には、鉄道大臣をはじめ山口、福岡両県知事、両県選出議員以下二五〇〇余名の招待客が参加した。そのなかで終始にこやかに満ち足りた表情を浮かべている男たちがいた。その瞳に光るものを宿して──。世界にも例がなかった海底トンネルを、複雑な地質に立ち向かい、おびただしい湧水と闘いながら、工事を完遂させた国鉄の技術者たちだった。釘宮磐のおだやかな顔もあった。関門トンネル掘削工事着工に伴い、昭和一一年（一九三六）七月に開設された下関改良事務所の初代所長として、国鉄技術陣を率いた鉄道技師である。

長身痩軀の「君子《くんし》」

釘宮磐は明治二一年（一八八八）三月三一日、釘宮剛、こまの長男として大分県臼杵町（現臼杵市）に生まれたが、ニコライ堂の牧師であった父の転勤で、四歳のとき東京、神田駿河台へ移った。ひょろりと背が高く、細い首に丸い顔がのっかっている少年は、秀才でまじめなおとなしい学生との評判を取るようになっていた。

質実剛健、無駄口なし、無欲恬淡、ひとと争いを好まぬ模範級長。囲碁、将棋、麻雀、パチンコ等に一切近づかず、物静かで信念に生きたひと、まじめなクリスチャン……。釘宮の少年期、青年期を知る人が口をそろえる人物評が示すとおり、府立一中、一高、東京帝国大学工科大学土木学科と秀才コースを一直線に進んだ釘宮は、明治四五年（一九一二）七月卒業。同年、鉄道院（のちの鉄道省、日本国有鉄道、現ＪＲ）建設部に入省、鉄道院技手となった。髪を七三に分け、背筋をぴんとのばし、修身の教科書から抜け出たような、謹厳で典型的英国紳士の風格を備えていた釘宮についた渾名は「君子」だった。

釘宮は大正一〇年（一九二一）六月から同一二年（一九二三）一二月まで建設工事機械化研究のため欧米に留学、同一四年（一九二五）一〇月、内務省復興局隅田川出張所長として隅田川六大橋の建設工事に従事、同一五年（一九二六）一二月、名古屋鉄道局木曽川揖斐川橋梁改良事務所長、昭和四年（一九二九）七月、鉄道省熊本建設事務所長、同九年（一九三四）八月、鉄道省信濃川電気事務所長を歴任、新線建設工事や発電所建設工事に従事したが、常に新技術を要求される現場であった。

昭和一一年（一九三六）七月、下関改良事務所長に任命された。関門海峡海底下に鉄道トンネルを建設するという未開の分野であり、技術的にも万事が初体験だ。関門海峡線はすでに開通している下関〜門司間の連絡線（海上輸送）の改良であるから、本来ならば工務局が担当する業務だった。しかし、前述のような事情でトンネル技術に経験の深い建設局と協力体制をとることとなり、改良事務所長に最も適任者として、建設局の釘宮磐に白羽の矢が立てられたのである。

「下関と門司を地つづきにする」は、必要に迫られたテーマ

「海底の人柱となっても、かならず成功させねばならない」

所長就任にあたって、釘宮は壮大な決意を胸に刻み込んだ。発想からおよそ三〇年、遂に関門の海底に槌音を響かせる日を迎え、自分自身が総指揮をとる立場にあることに、信じられないほどの運命と幸運をおぼえていた。

本州と九州を陸つづきにして輸送の効率化をはかることを最初に発想したのは、明治四〇年（一九〇七）に初代鉄道院総裁となった後藤新平だといわれている。関門海峡のなかでも早鞆《はやとも》の瀬戸は間隔がわずか七〇〇メートルしかなく、ここに橋を架ければ景観的にも美しいと後藤は考えた。

京都〜下関間の山陽鉄道は明治三四年（一九〇一）に開通し、九州鉄道は門司を起点として九州全域にひろげられていた。しかし下関〜門司間は海峡にはばまれて鉄道連絡が絶たれている。乗客は汽車と連絡船と、さらに汽車に乗り換えねばならず、所要時間の徒費はいうまでもないが、それ以上にいちいち積み替えの手間を要する貨物の損傷は巨額に達していた。

下関、門司の地つづきによる一体化は、地元民の要望だけでなく、いわば国を挙げての焦眉の急となっていたのだった。

関門連絡線を橋梁とするか、トンネル通過とするか。種々検討の結果、当時の軍事的事情や経費の点を考慮してトンネル案が採択された。

大正八年（一九一九）、初めてボーリングによる地質調査が行われた。しかし、同一二年（一九二三）九月一日におこった関東大震災の復興事業のために海底トンネル計画は凍結された。昭和二年（一九二七）に地質調査が再開された。だが、間もなく襲った不況の影響で工事着手にはいたらず、鉄道省工務局関門派出所は閉鎖された。

しかし下関〜門司間の海上交通は過密状態となりつつあり、国策的にも本州と九州を陸つづきとする必要性に迫られていたのは事実であった。こうした事情を踏まえ、昭和一〇年（一九三五）三月二〇日の帝国議会建議委員会は、関門トンネル事業を昭和一一年（一九三六）度予算に編成することを可決した。

明治四五年（一九一二）に鉄道省に入省した釘宮は、関門トンネルプロジェクトが地質調査を開始しながら、天災や人災のために再三にわたり中止されたのを身近に見てきた。そしてそのたびに国鉄技師として切歯扼腕《せっしやくわん》してきたのだった。多くの先輩たちが夢に描き、腕の鳴る思いをしながら、果たすことができなかった海底トンネル掘削……。

明治以来の懸案であった大プロジェクトを、自分の手で実現へ踏み出す日を迎えた釘宮は、鉄道技師として自らの僥倖を思わずにはいられなかったのだ。

　関門トンネル工事をかならず成功させる自信はある。釘宮のもとには多数の国鉄土木技術者が配属されていた。彼らの多くは最大の難工事となった丹那《たんな》トンネルを完成させたばかりだった。一七年を費やした工事で得た豊富な経験と技術がある。

「おれたちの力で本州と九州の鉄道をつないでみせる」

　改良事務所のだれもが意気込んでいた。

「世紀の大事業を行ううえで、大切なのは人の和とたゆまぬ訓練、万全の準備と、そして不撓不屈の精神力です。併せて安全第一、慎重第一をこころがけて下さい」

　信頼する部下を前にして、釘宮は信念を述べた。

悲壮な決意をもって海底トンネル掘削に挑む

　試掘坑道、いまでは先進導坑またはパイロットトンネルと呼ばれている。海底という未知の世界、変化がはげしいと予想される海底の地質をより精密に調査し、本坑の掘削を万全にするために、海底五〇メートルに掘る長さ一三二一メートル、直径二・五メートルのトンネルだ。現場の取材記者たちがつけた愛称は「豆トンネル」。

「一一月一八日、水平坑（豆トンネル）掘削開始。いよいよ海底へ向かって掘り始めるのだ。

＊断層破砕帯：地下の地層や岩盤が割れ、割れた面がずれて未固結になっている状態。軟質なため、地すべりや土石流等の自然災害が発生する可能性が高くなる。

これより二〇〇メートル付近までボーリングしつつ進む。一日平均三メートル乃至三・五メートル。順調。二〇〇メートル付近から湧水がだんだん多くなり、小断層が現れた。この海峡には太古の地殻変動によって断層のあることはわかっているが、これが最初の見参だ」

本州側事務所長加納倹二の掘削日記に記されている。九州側でも二〇〇メートル余り掘り進んだところから地質が悪化し、おびただしい湧水が噴き出した。トンネルの掘削では断層に遭遇し、湧水との闘いはつきものだ。

しかし、本州側四〇〇メートル余りの地点で遭遇した*断層破砕帯との闘いは壮絶だった。一本千貫の重みを支えるという太い松丸太の*支保工《しほこう》が吹き飛び、*矢板がめりめりと音を立てて破れ、湧水は豪雨のように降りかかった。何度も難工事の修羅場を経てきた坑夫たちでさえ抗《あらが》いきれない自然の猛

豆トンネルの内部（土木学会）

＊支保工：トンネルや橋梁などさまざまな工事・建築現場において、上あるいは横からの荷重を支える仮設構造物。
＊矢板：掘削によって、土が崩れないように押さえておくための板（土留め板）。

威だった。二重、三重に土嚢で土砂留を築いたときは死に物狂いだった。地底の叫びのような山鳴りが坑内をゆるがした。トンネル崩壊の恐怖が、その場にいたものを震撼させた。一大音響が坑内をゆるがし、トンネルの切羽周辺が崩れたのは、全員が坑外へ逃げた直後だった。

坑口の前で仁王立ちしていた釘宮がもっとも案じていたのは部下や坑夫たちの安否だった。全員無事退避の報告を聞いたとき、釘宮はひとこと、「頂門《ちょうもん》の一針だ」と洩らした。それは、ともすれば技に溺れかけていた技術者たちへの鋭い戒めであった。*

豆トンネルが貫通したのは昭和一四年（一九三九）四月一八日、起工式からほぼ二年半、直径二・五メートルの小さなトンネルが、本州と九州を初めて地つづきにした瞬間だった。

関門海峡トンネル成功のカギはシールドにあり

関門トンネルを単線二本とするか、複線一本とするかは重要な課題だった。当時の日本の経済事情を考慮して単線一本で着工に踏み切ったのは、早期実施をはかるためだった。その後日本が戦時体制に突入し、輸送力強化政策がとられることになり、上、下線二本と決定した。

九州側の海底地質は礫岩《れきがん》、砂岩、頁岩《けつがん》が互層する第三紀層がおよそ二三〇メートル間にわたって横たわり、その接触部には二本の断層破砕帯が通過している。この箇所を掘削するの

＊頂門の一針：頭の上に針を刺す意から、急所を突いた戒めのこと。

に必要とされたのがシールドマシンだった。

もぐらのように穴を掘り進み、同時に周囲の壁面を鉄筋コンクリートのセグメントで覆うことで、軟弱地盤の掘削を可能にするシールド工法は、折渡《おりわたり》トンネルと丹那トンネルの一部で用いられたが、どちらのケースも成功にはいたらなかった。日本ではまだシールド技術が確立されていなかったのである。明治末期に実地踏査をした京都帝国大学教授田辺朔郎が、シールドを用いることで海底トンネル掘削は可能と答申した背景には、その部分を技術先進国に請負わせることを前提としていた。

関門海峡トンネル成功のカギはシールドにあり、といっても過言ではなかった。だが日本にその技術はないに等しく、また戦時体制下、軍事上の要塞である関門地区の鉄道建設という機密事項に、外国を介入させることは避けねばならなかった。

釘宮はシールドマシンの設計を村山朔郎に任命し

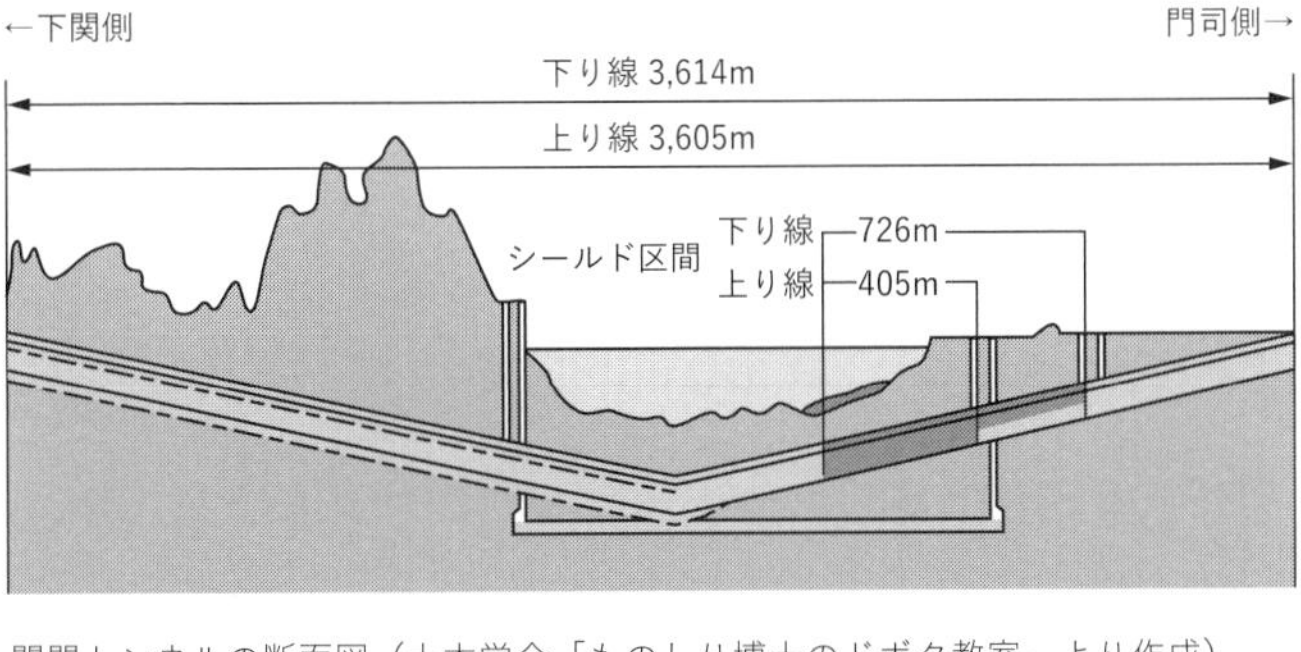

関門トンネルの断面図（土木学会「ものしり博士のドボク教室」より作成）

た。村山は昭和一〇年（一九三五）に京都帝国大学工学部土木工学科を卒業して鉄道院に入省したばかりだったが、彼の頭脳の緻密さを早くから認めていた釘宮は、村山をおいてほかに適任者はいないと確信した。だが、村山は荷が重すぎると断った。

「ね、ね、きみにならできると、ぼくは信じているよ。技術委員会で集めた参考書などをフルに利用してくれたまえ。きみがベストと考えることをやればいいのだ。ただし、いかなる外国人にも相談したり、意見を求めたりすることだけは禁じられているからね。そのつもりで、ね、ね、きみ、いいだろう、ね」

村山は断りの口を封じられた形で大任を受けた。

「ね、ね、きみ、そうだろう、ね」

相手を説得する際の、釘宮の独特の話術だった。大抵の場合、相手は気勢を殺《そ》がれ、納得させられてしまうのだった。

命を受けた村山は膨大な外国の参考書を読みあさり、ひとりでコツコツと思考を重ねながら設計した本格的シールド機国産第一号が、九州側*竪坑《たてこう》から海へ向かって推進を始めたのは、豆トンネル貫通とほぼ同時期だった。

国産第一号シールド機は直径七・一八二メートル、奥行き五・八一〇メートル、自重二〇〇トン、前面はカッターではなく、取り付けられた二段の作業台の上で工夫がハンマーをふるって手掘りした。外からの出入りにはかならず*エアロックで体内の気圧を調節しなければなら

*竪坑：垂直方向に掘られた坑道。運搬や通気のために用いる。
*エアロック：気圧の異なる場所を移動する際に、圧力差を調節するための通路や小部屋。

なかった。いきなり坑外へとび出せば、まちがいなく潜函病*にかかる。めったに大声で一喝することなどない釘宮が叱りつけるのは、部下が十分に気圧調整をせずにエアロックをとび出すのを見咎めたときだった。

ボーリングや海底弾性波による地質調査でも見つけることなく、試掘坑道では現れなかった貝殻層に突入して、シールドが推進しなくなった日もあった。地域一帯の停電で現場への送電が停まり、電気で空気圧縮をしているシールドの命綱を切られそうな危機に瀕したこともあった。

関門トンネルは国策上、国を挙げてのビッグプロジェクトだった。物資、食料、衣類などの不足が深刻になっていたが、全国の工事を取りやめてまで、関門の現場には資材が注入されていた。釘宮は毎週一度訓示を行っていたが、ある日はきびしい語気と峻烈な口調で部下に工事の使命の重大さを説いた。

「一本の釘が廊下に落ちていた。それを踏んで歩いたものがある。わたしはそれを拾い上げて、ここに持っている。一本の釘を軽んじるようで、どうしてこの難局を乗り切れると思うか」

黒ぐろとしていた釘宮の頭髪は下関改良事務所長就任以来四年のあいだに、半白となっていた。

＊潜函病：潜函内作業や潜水作業を行った人が、急速な圧力の変化によって起こる健康障害。症状は、めまい、しびれ、呼吸困難など。急性減圧症、ケーソン病、潜水病などとも呼ばれる。

昭和一六年（一九四一）七月一〇日、関門トンネル下り線貫通

長門なる赤間の関としらぬひの
筑紫小森江あいむかふ
大瀬戸の海に矢をば射る
大船小船にしひがし
絶ゆる間もなしその海の
底つ岩根にたがねもて
孔をば穿《うが》ち雷の火薬をこめて打ち砕き
切りひろげつつ崩れやすき岩の隙にはセメントを
ひたにおし入れ　あるはまた
強き風もて噴きいづる　海水をばおさえ玉の汗
拭う間もなくひたぶるに　掘りて巻き立てくろがねの
真鉄の道をつぎつぎに　敷きもて行き打ちあいつどう
内外の旅客　むれよする　百千の貨物を鉄の輪の
つづかんかぎり列車もて　運ばんものと男子等は

ここに五年小滝なす　湧水をかぶりさ渦まく
爆煙にむせび　ひるは夜に　夜は日につぎてひたすらに
つとめはげみし労作を　神も愛でけむけふはしも
ああけふはしも　みなみきた　隔ての岩の一瞬に
飛びて散りける夢のごと　願いしことの現し身の
わが眼底に映りくる
これのまことは一條の
大いなる道　海底の道

返歌
わだつみの底の岩根はかたくとも
穿たざらめや　日本男児は

世界初の海底トンネル工事を完遂させたとき、釘宮は右の詩を詠んだ。

昭和一六年（一九四一）七月一〇日午前一〇時、釘宮は万感の思いを込めて卓上のボタンを押した。海底でダイナマイトが炸裂し、関門トンネル下り線は貫通した。

試掘坑道が完成した時点で、釘宮には本省の建設局長就任の打診があった。しかし本坑の完成まではこの現場を離れられぬと、釘宮は昇進をことわった。そして「関門の人柱となっても」の信念を貫き通し、本坑を完成させた。

残された上り線建設は後進に道を譲った。

国鉄を退職した釘宮は東京帝国大学教授となり、昭和二三年（一九四八）からは民間企業で技術者の育成につとめた。七四年の敬虔な生涯を閉じたのは昭和三六年（一九六一）七月九日のことである。

宮本　武之輔

（みやもと　たけのすけ・一八九二～一九四一年）

あばれ川を鎮める可動堰

「補修工事を有終の美で飾るためには、
私個人がいかなる艱難辛苦《かんなんしんく》に遭遇しようと、
決して厭《いと》うものではありません。
しかし土木事業は大勢の人間が
心と力を結集してはじめて
完遂するものであります」

延長三六七キロ、日本でいちばん長い大河、信濃川は、かつてはひとたび氾濫すると、田畑を呑みこみ、多数の犠牲者を出すあばれ川だった。窮状を見かねた寺泊の船問屋、本間数右衛門が下流域を水害から守ろうと、信濃川がもっとも日本海に近づく大河津で分水し、約一〇キロの分水路を開削して、洪水時には一気に水を海に放出する「大河津分水」計画を立て、幕府に提出したのは享保一五年（一七三〇）のことだった。この遠大な大河津分水計画がようやく実施されることになったのは明治四〇年（一九〇七）、完成は大正一一年（一九二二）、一五年の歳月を費やす東洋一の規模を誇る大土木事業であった。もはや洪水におびえることもなく、広大な越後平野は豊穣の地に生まれ変わった。しかし完成から五年後、分水路に設けた自在堰*が相次いで陥没するという事故が発生した。内務省は名誉挽回をかけて補修工事に取り組んだ。現場にあって工事の指揮をとったのが宮本武之輔だった。

技術を学ぶことで涵養《かんよう》した頭脳を駆使して、もっと血の通った仕事に就きたい

宮本武之輔は明治二五年（一八九二）一月五日、愛媛県温泉郡に宮本藤次郎、セキの長男として生まれた。祖父の代には石炭船の船主で、広い田畑や山林を所有していたが、父の代になって家運が傾いた。貧しさから中学進学をあきらめざるを得なくなった宮本は、芸陽奨学会という私学で英語や国語、数学を学んだのち、船の給仕をして家計を助けた。しかし幸

＊自在堰：可動堰の一種。かつての大河津分水には、起伏自由なベア・トラップ式（堰の扉が起き上がることで水を堰き止める方式）の堰が設置されていた。

合格した。
運は彼を見放さなかった。才能を見込んだ興居島《ごこしま》の篤志家《とくしか》の援助を得ることになり、東京の錦城中学校の三年に編入学を許された。卒業まで首席を通した宮本は第一高等学校に無試験合格した。

宮本には父親の異なる兄、窪内石太郎がいた。宮本の母は窪内文治良と死別したあと、婚家に石太郎を残して宮本の父、藤次郎と再婚したのだった。宮本は東京帝国大学工学部採鉱科に在籍する兄に絶大の信用をおき、兄弟は将来のことなどをよく語り合った。

「技術というのは、ひとの役に立つ知識のことだよね。おれは学んだ技術を、単に機械的な技術として働かせるのではなく、技術を学ぶことで涵養した頭脳を駆使して、もっと血の通った仕事に就きたい。つまり社会基盤の整備といったものを、それを計画するような仕事をやりたいなあ」

「それなら土木を専攻するんだな」

「おれは立派な家に住んで、自家用車を乗り回したり、高級な服に金鎖をチャラチャラさせるような生活なんかはしたくない。粗衣粗食に甘んじても、あるいは世間から嗤《わら》われようと、自分の信念で行動したい。それができれば、おれは人生の成功者だといえると思う。おれは人間が好きだ。大勢の人間が心を合わせて、一つの仕事の完遂に向かって邁進するようなことに、魅力を感じるよ」

「わが信念のためには、千万人といえどもわれ行かん、いや、われ勝たんの覚悟がいるぞ」

「力」と「美」を具えた人生を理想としていた宮本にとって、一高に学ぶことはそれなりの意義のあることであった。大学は工科に進み、実社会で必要とされる、応用の利く人物でありたいと、将来像を描いた。

廣井勇の薫陶を受け、内務官僚に

一高在学中に、キャンパスのなかの古びた大煙突にのぼり、墜落して大けがをするというハプニングに見舞われて、一年留年を余儀なくされたあと、宮本は東京帝国大学工科大学に進学した。

大学では廣井勇教授（別項、廣井勇参照）の薫陶を受けた。卒業後の進路を官庁か民間企業かに決めかねていた宮本に、内務官僚となることをすすめたのも廣井だった。宮本が単に土木技術者にとどまらず、政治的志向を伴う指導者的技術者に向いていることを、廣井教授は見抜いていたのだった。

大正六年（一九一七）七月、東京帝国大学を銀時計組で卒業した宮本は内務省に入省、利根川改修工事事務所勤務などを経て、同一二年（一九二三）、ヨーロッパ留学を命じられた。渡欧したのは、たまたま関東大震災の直後だった。宮本は耐震性を重視した鉄筋コンクリートの研究開発を研究テーマとした。この当時、日本のコンクリート構造物の多くは鉄筋が使

＊洗堰：常時水が流れるようにつくられた堰。

われておらず、東京都心部の地震による被害状況からもその欠陥が露出し、欧米先進国の技術習得が急がれていたのだった。

一年半の留学を終えて帰国した宮本は、ねじれに強い鉄筋コンクリートの桁や杭の設計公式を得るための基礎的、理論的研究論文を発表し、昭和二年（一九二七）度の土木学会賞を受賞するとともに、工学博士の学位も取得して、鉄筋コンクリート技術の第一人者となった。

信濃川補修工事の現場主任として指揮をとる

大河津分水路の自在堰が陥没事故を起こしたのは昭和二年（一九二七）六月二四日のことである。内務省の関係者にとっては、いうまでもなく、容易に信じられないできごとであった。内務省技監市瀬恭次郎に同行して、技術課長宮本武之輔が現場に到着したのは、事故発生から二四時間後だった。大河津にある分水地点で信濃川はいったん川幅を広げ、本流に設けられた洗堰*で一定の流量を本川に流し、残りの水は分水路を通って日本海に放出されている。幅約七〇〇メートル余りの分水路の左岸側四分の三には固定堰*が築かれ、四分の一の部分には八連の自在堰（可動堰）が設けられて、洪水時の流量を調節する仕組みになっている。八門のベアトラップ式*鉄扉は当時としては最新式のものだった。

現場に立った宮本は息を呑んだ。右岸から数えて七番目の堰ががっくりと膝をついたよう

＊固定堰：水位や流量の調節ができない堰。
＊ベアトラップ式：上流扉・中間扉・下流扉からなり、水圧を利用して堰を起こして水を堰き止める。

に傾いて水中に没しようとし、その手前の六号と向こう側の八号も、渦を巻く濁流にいまにもさらわれようとする凄惨な光景が展開していた。

分水路の自在堰が機能しなくなったため、流水は怒濤を打って分水路に集中し、本流は川底の砂をむき出すほどの細流と化していた。土手には付近の農民がたむろし、心配げに川を見下ろしている。川の水が枯渇すれば、田植えを終わったばかりの灌漑用水が絶たれ、農民にとっては死活問題なのである。内務省がまず取り組まねばならないのは、堰の修復よりも灌漑用水の確保なのだ。とりあえず仮堤防を築き、信濃川下流へ水を送る応急工事を急がねばならない。宮本はその場で設計図を描き、工費をはじき出した。

自在堰崩壊の最大原因の一つは、自在堰下

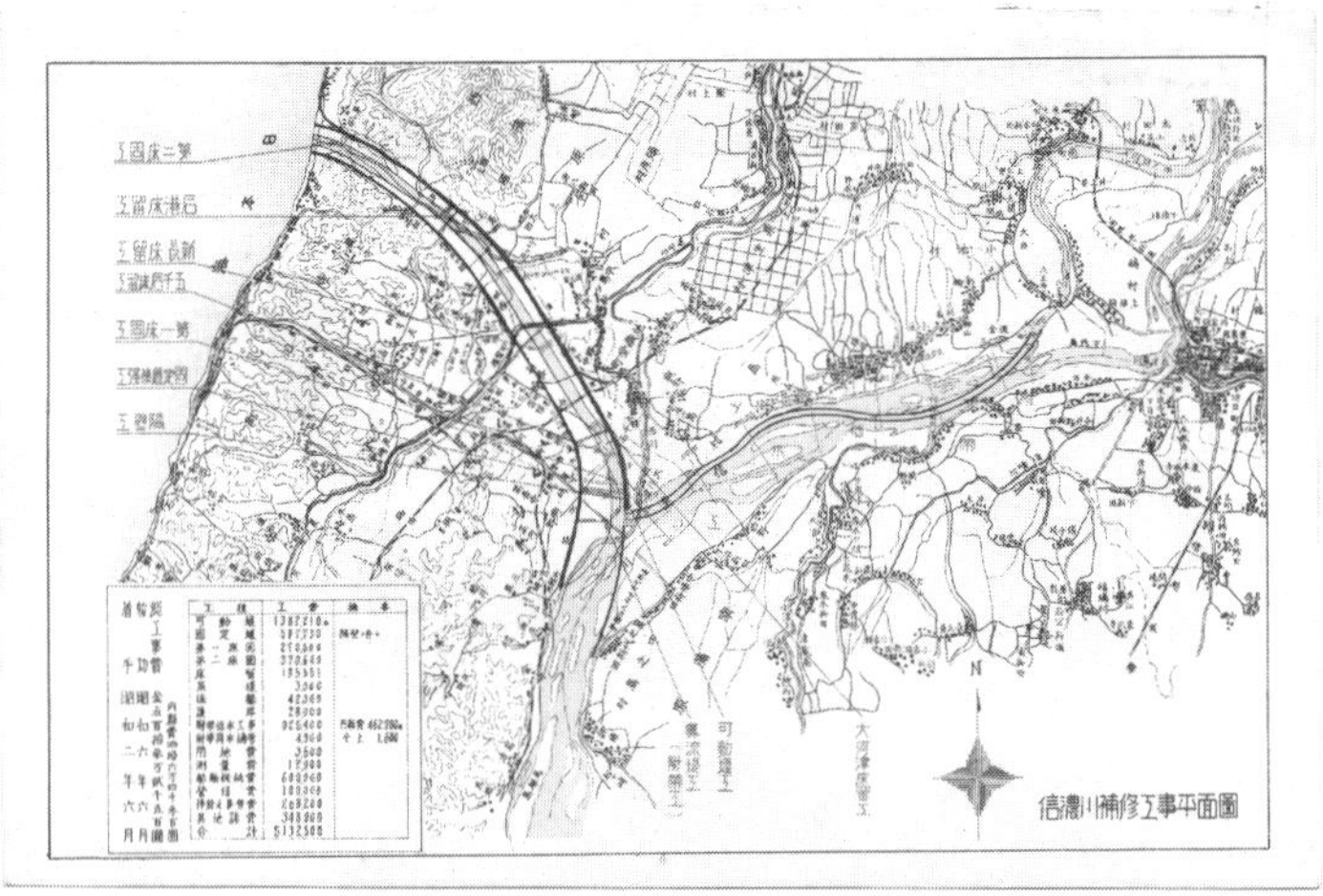

信濃川（大河津分水可動堰）補修工事平面図（土木学会）

流の水叩き[*]の長さが短くて、堰を流下する激流の水勢を減殺するに足らず、その下流ではげしい洗掘が起こった結果、水叩きコンクリート下の土砂が下流に吸い出され、大きな空洞ができたことだった。崩壊し、水中に没した自在堰は修理しても、永久的構造物として供用することが不可能な状態となっていた。

事故から二〇日、内務省は自在堰の復旧は絶望と判断し、場所を移して新しく可動堰を建設する方針を打ち出した。そしてその設計の大任を宮本は命じられた。さらに、補修工事開始にあたり、宮本は現場の工事主任（工事事務所長）を任命された。その任務には土木技術者としての宮本武之輔一生の栄辱がかかっているといってもよかった。

さらに、崩壊した自在堰のベアトラップ式ゲートを設計した岡部三郎は、一高、東大を通して宮本の親友だ。震災後の横浜港復旧に携わっていた岡部は、崩壊事故の責任をとらされる形で現場に呼び戻され、応急工事に狩り出された。そのほかにも現場に関係した先輩や同僚が責任をとらされた。彼らの無念さを思い、補修工事はかならず成功させねばならないと、宮本は肝に銘じていた。

任務遂行にあたり、宮本はこの工事を統括する内務省新潟土木出張所長（いまの国土交通省北陸整備局長）に、荒川改修工事事務所時代の上司、青山士の就任を要請した。青山は東京帝国大学の廣井勇教授の弟子であり、廣井の感化でキリスト教信者となり、日本人でただひとり、パナマ運河開削工事に従事した経験を持つ技術官僚であった。

＊水叩き：ダムや堰などの構造物の下流側に設置する洗掘防止構造で、コンクリート床版や石材などが用いられる。

青山もまた、信濃川補修工事の現場で指揮をとろうとしている宮本に、全幅の信頼を寄せていた。

ゴム長靴姿で現場に立ち、レイタンスをスコップですくう

北越地方の晩秋から早春にかけての空は、常にどんよりと曇っている。抜けるように晴れ渡った東京の空にひきかえ、雪待つ空は陰鬱でさえあると宮本には思われた。

昭和三年（一九二八）一月九日に挙行された信濃川補修工事起工祈願祭で、宮本は声涙ともにくだる決意の挨拶を述べた。

「天もわれわれに荷担されてか、きのうまでの吹雪がうそのように晴れあがった本日、ここに補修工事を着工するに際し、主任としてひとこと申しあげます。不肖宮本武之輔、学識や経験において、諸君を指導するにはまだまだ未熟でありますが、この事業にかける情熱はだれにも劣りません。己れを虚しゅうして、任務の遂行にあたる覚悟であります。今回の補修工事は、内務省直轄工事にとっては雪辱戦であり、昨年の事故の責任をとった先輩、同僚のためには弔い合戦といえましょう。万一、今回の工事に失敗するようなことになれば、数百万円の国費を浪費した不明を天下に詫びねばなりませんし、内務技師としても、先輩や同僚に顔向けできないことになります。補修工事を有終の美で飾るためには、私個人がいかな

る艱難辛苦に遭遇しようと、決して厭《いと》うものではありません。しかし土木事業は大勢の人間が心と力を結集してはじめて完遂するものであります。工事の成功、不成功は、ひとえに諸君の努力次第であり、技術者としての評価は、この工事の結果如何にかかっているのです。任務遂行のために、諸君一人ひとりのご健闘を期してやみません」

工期は昭和五年（一九三〇）度末、工事の成否は新潟県下の広域にわたって大きな影響を及ぼす。身の丈を越す積雪、雪解け、洪水、突発事故、さらに膨大な工事量、工事に対する不安……、そうしたことを考えると、得体の知れない恐怖におびやかされる日もある。宮本は「信濃川補修工事の歌」を作詞し、工事中も職員たちといっしょに歌うことで気分を奮い立たせた。ハンチングに毛糸のカー

工事中の大河津分水可動堰（土木学会）

ディガン、ゴム長靴姿で陣頭指揮をとり、率先してレイタンス（コンクリートの悪いうわ水）をスコップですくった。ときには八ミリカメラをまわして現場風景を撮り、従業員の家族や県民を集めて映画の夕べを催した。宮本自身がつけるナレーションには説得力があった。そうしたなかでコンクリート関係の論文をまとめて著書を出し、地元新聞には工事の経過報告を発表し、しかも土地の芸者と恋もした。

工事途中の大決断。「仮締切りを切れ！」

自在堰崩壊事故から三年、分水路の新可動堰は元の位置から一〇〇メートル上流に設置することになり、仮締切り*堤で囲んでドライにした川床では可動堰基礎コンクリートの打設が行われていた。一〇基中五基はすでに完成し、鉄製の扉も取り付けられている。前例の反省から下流水叩きは強固なものになっている。工期はあと一年を切っていた。

この年の梅雨は、この地方に多量の雨をもたらした。出水につぐ出水で、工事現場では手戻りばかりだ。ようやく梅雨があがると、従業員のなかからツツガ虫の被害者が続出した。長岡付近の河原に多く生息する極小の虫だが、刺されると三人に一人はいのちを失うという風土病だ。

住民対応も多忙をきわめた。雨が降らなければ降らないで、なんとかしてくれ。降りつづ

＊仮締切り：川や海、湖などの工事において、作業を行う箇所の水を一時的に遮断するための仮設構造物。

ければ洪水が心配で、なんとかしてくれ。なにもかもお上のせいだとばかり苦情が持ち込まれる。家庭に戻って思わず愚痴をこぼした宮本は、六歳になる長男に「そんなことをお父ちゃんにいっても、仕方ないのにねえ」と慰められた。仕方がないですませられないところに行政に携わるものの悩みがあるのだ。

八月にはいった途端、上流の長野県が豪雨に見舞われて信濃川が増水、大出水の兆しが見えた。宮本以下、工事事務所職員は各自配置につき警戒態勢を固めた。信濃川本流に設けられた洗堰は開門し、河川敷いっぱいにひろがった濁流が怒濤を打っている。なおも増水がつづけば沿川の村落が危険な状態に陥るのは確実だ。上流からは依然水位上昇の報告が入ってくる。村落を洪水から救う方法は、分水路に設けた可動堰上流の仮締切り堤を切り、分水路に大量の水を導く以外にない。だがその場合、ようやくの思いでここまで進捗した工事は莫大な被害を受けるだろう。

流域の村むらを救うか、工事中の現場を護るか。

宮本は腸がねじれる思いのなかで、これ以上増水しないことをねがった。だが上流からもたらされる情報は、依然増水であった。宮本は一瞬の逡巡を断ち切った。

「可動堰仮締切りを切れ!」

宮本は命令を下した。

「おれが全責任をとる」

補修工事着工にあたって、万万が一工事が失敗に帰すようなことがあれば、自分が全責任をとる覚悟を固めていたが、いまこそいのちを懸けるときだと、心が叫んでいた。

四〜五メートル幅の仮締切りに爪を立てたバケット*が次々に土をえぐりとった。濁流は仮締切りに襲いかかり、一気に突き崩した。もんどりうって分水路に流れ込んだ濁水は、四枚の鋼扉を飲み込んで流下した。

天気が回復したとき、自然の猛威に痛めつけられた施工中の現場は、いたるところ惨憺たる被害を露呈していた。

河川工事において「仮締切りを切る」ことの重大さを熟知したうえで、あえてそれを断行することで住民の暮らしを守った。技術官僚としての宮本の行動を、上司であった青山もまた是としたのであった。

四年の歳月をかけて昭和六年（一九三一）四月、信濃川補修工事は竣工した。青山所長は分水路を見下ろす堤防の記念碑に、日本語と人類共通語のエスペラント語で撰文した。

「万象ニ天意ヲ覚ル者ハ幸ナリ人類ノ為メ国ノ為メ」

それは、信濃川大河津分水が日本のためだけでなく、将来にわたり全人類に繁栄をもたらすものであるとの宣言であると同時に、人生の進路として土木を選び、補修工事に携わるチャンスに恵まれた土木技術者にとって、使命の達成感に酔う瞬間であったと理解していい。

＊バケット：ショベルカーのアームの先に付いている土砂等を掘削する部分。

錦城中学校時代、宮本は文学に耽溺《たんでき》し、級友といっしょにつくった『南風』という回覧雑誌に数編の小説を発表するなど、将来は小説家になりたいと考えていた。兄の助言でそれは断念したが、生来の美文家であったことは疑う余地がない。上京して錦城中学校に編入した日から、風邪から併発した急性肺炎で卒然とこの世を去った昭和一六年（一九四一）一二月二四日の二週間前までの三十五年間、日記を書きつづけた。それは男としてのスケールの大きさ、人間としてのふところの深さ、思いやりと行届いた心遣い、真剣に物事に対処し、きょう死んでも悔いることのないほど精いっぱい本音で生きた宮本武之輔の、人間臭さに満ちた生きざまの記録である。

永田 年

（ながた すすむ・一八九七〜一九八一年）

大型重機が実現した巨大ダム

「すみませんですむと思うのか、バカ野郎。
大工の頭の切替えをさせろ。
いいか、
いままでの日本ではやったことのない
近代的機械施工をやってるんだ。
十何年だか何十年だか知らないが、
あいつらがこれまでやってきた経験なんて、
くその役にもたたないってことを
わからせてやれ」

昭和二〇年(一九四五)代、日本の電力は絶対量が不足していた。停電しない日はなかった。そのたびに工場の機械は停まり、家庭ではろうそくが必需品となっていた。戦後日本の建直しに向けて、新たに大量の電力の開発は最重要課題であった。昭和二六年（一九五一）五月、日本発送電（略称、日発《にっぱつ》）が解体して九電力会社（北海道、東北、東京、中部、北陸、関西、中国、四国、九州）が発足した。昭和二七年（一九五二）一〇月には国土再開発計画として浮上した天竜川、只見《ただみ》川、熊野川、吉野川の開発のように、私企業一社では、スケールや資金、立地条件のきびしさという点で大きすぎるプロジェクトを、政府資金で担当する電源開発（略称、電発《でんぱつ》）が設立された。

電発理事であった永田は天竜川の佐久間ダム建設所長に就任し、わずか三年の短い工期で、日本に前例がない巨大ダムを完成させた。濃い三角眉、度の強いめがねの奥の眼光はひたむきなほどの純粋さを宿し、口元には一切の妥協を許さない強固な意志を刻みつけていた。

工期は三年。いかにして実現させるか

永田年は明治三〇年（一八九七）四月五日、福岡県筑後市に生まれた。大正一一年（一九二二）、東京帝国大学工学部土木科卒業後台湾総督府に奉職、昭和二年（一九二七）、内務省土木局技師となった。昭和一一年（一九三六）から三年間は関西風水害で被害を受け

た京都鴨川の改修工事にあたったが、主にコンクリートの専門家として橋梁やダムなど特殊構造物の設計を担当してきた。当時は水主火従といって火力より水力発電が多く、水力ダム建設の分野での永田の技量や統率力は高く評価されていた。

昭和一五年（一九四〇）からは東北振興電力の土木設計課長となり、合併により日本発送電へ移転。昭和二六年（一九五一）、GHQによる「にっぱつ」解散命令で、新たに発足した北海道電力副社長となったが、電源開発設立に伴い、同社理事に迎えられるとともに、天竜川開発プロジェクト、佐久間ダム建設所長として陣頭指揮をとることとなった。「でんぱつ」が佐久間ダム建設を決定し、工期を三年と決めたとき、それを完遂できるのは永田をおいて他にないというのが電力関係者の大方の意見だった。

諏訪湖に源を発し、あばれ天竜の名をほしいままにする天竜川、その急峻な山の中、水が山を割ったように川幅が極端にせばまったところにダムサイト（ダムをつくる場所）がある。ダムの高さ一五六メートル、堰堤の長さ二九四メートル、堰堤の体積一一二万立方メートル、日本では前例のない大きなダムだ。ダムと同時に発電所の建設、そこへ水を送る直径一〇メートル、延長一一八〇メートルの圧力トンネル、サージタンク（発電をとめたときに逆流する水圧でトンネルに加わる力を弱めるための、水を逃す装置）用竪坑……。

さらにダム建設に伴う国鉄（現ＪＲ）飯田線一八キロの付替え工事がある。そのうち一一キロは長短一二カ所のトンネルであり、橋梁の架設もある。

これらすべての工事を行う工期は三年。これは動かし難い事実として、すでに決定している。どうすれば完遂できるか。

決め手は大型重機の導入。重機など一台もない時代の先見性と技量の高さ

「これしか、ない」

永田が出した結論は大型重機の導入だった。ダンプトラック、パワーショベル、ブルドーザーといった土木工事用の大型重機は、この当時の日本には一台もなかったといっていい。したがって、実物を見たものは工事関係者でさえだれ一人としていなかった。永田は北海道電力副社長時代によく札幌のCIO図書館へ通い、海外新刊書や技術書に目を通していたので、知識だけは得ていた。日本ではつるはしを振るい、モッコ*を担ぎ、トロッコが砂利を運搬し、ほとんど人力に頼って工事をしているときに、アメリカでは物凄いとしかいいようのない重機を駆使して大工事を行っているのかと、驚異の感を抱いたものだ。機械化施工に関心を持った永田は、電発理事に請われたとき、北海道電力の退職金のほとんどを技術関係の原書購入にあてた。

「佐久間ほどの規模のダムをつくるには十年はかかると考えられている。だが近代機械化土木施工なら三分の一以下の工期でやれそうだ。アメリカがつくり出した機械力は、日本の

*モッコ：土石を運搬するための道具。昔は縄や竹、蔓を編んでつくられた。

これからの土木事業を画期的に変えることになるだろうが、それは佐久間の成功、不成功にかかっているのだ」

実際に見たこともないし使ったこともない。効果のほどはわからない。だが、これらの重機を使う以外に、火急を要するダムと発電所の建設を、三年の工期内に完成させることは不可能だと判断した永田は、たまたま渡米予定のある高碕達之助電発総裁に重機購入を依頼した。

訪米した高碕総裁はカリフォルニアのダム建設現場を見学し、人間がダムをつくっているのではなく、巨大なダムをつくっているのは機械群だという強烈な印象を受けた。そして機械による佐久間ダムの成功を予感し、重機の導入を決定すると同時に、この工法を提唱した永田の先見性と技量にまず信頼を寄せたのであった。

重機によるトンネル掘削は従来の五倍の速さ

「一〇月九日、午後二時、飛竜橋が完成する予定。工事は重大段階に突入す。時を失うべからず。本店は万難を排し、九日一時五五分までにダンプトラック一二台を送られたし」

九日午後二時きっかりに、工事用道路となる飛竜橋完成の約束を架橋関係者からとるやいなや、永田は本社へ連絡を入れた。このころの橋はトラス*の組立てにリベットを打っていた。橋が架かり道路ができると、間髪を入れずバイパス工事に着手だ。ダム建設中、川の流れ

＊トラス：部材の格点をヒンジ（ピン結合）とする構造形式で、三角形で構成される。橋梁や鉄塔、建築物などに用いられる。

を迂回させて、工事現場に水が入らないように内径一〇メートル、長さ七〇〇メートルの仮排水路トンネル（バイパス）を二本掘削する。秋から冬にかけての渇水期に工事を終わらせないと、工事完了が一年遅れる。一刻の無駄も許されないのだ。

永田が指定した日の指定時刻、もうもうと砂ぼこりをあげて一五トン積みダンプが隊列を組んで工事用道路を登ってきた。アメリカ直輸入のダンプなどの重機は横浜港で荷揚げされ、現地へ送り込まれることになっていた。この間発送までには船会社との事務手続きや、税関の通過など一連の作業がある。貨物は一度に到着するのではなく、何度にも分かれてくる。その処理だけでもたいへんな労力と気遣いを要する。にもかかわらず、本社側は現場の要請にきちんと応えた。電発が会社一丸となって、佐久間の完遂に全力を傾けているのだ。

ダンプにつづき、パワーショベル、ブルドーザー、ワゴンドリル、ジャンボなどの重機が次々と現場に届いた。どの機械もこれまでに日本人が見たこともないものばかりだ。機械といっしょにアメリカからオペレーターも三〇人ばかりやってきた。

鉄製の足場のようなジャンボは、前面に取り付けたドリルが一時間に深さ六メートルの穴を六〇本あける。そのなかに火薬を仕掛け発破をかけると、五〇〇立方メートルの岩石が爆破される。次にブルドーザーが散らばった岩石をかき集めると、パワーショベルが一度に三立方メートルを掴み取ってダンプの荷台に積み込む。パワーショベルが五回首を振れば、土砂運搬のダンプトラックは満載になる。早くも次のダンプが横づけして待っている。

その作業の繰返しで、直径一〇メートルのトンネルは一日に一〇メートルずつ掘り進められた。これまでのやり方の五倍の進捗だ。

最初はアメリカ人のオペレーターが運転していた重機の操作を、またたく間に日本人がおぼえた。このあいだまでつるはしを振るっていた手は重機のレバーを握り、モッコはダンプトラックにとって代わり、トロッコはターナーロッカーに席をあけわたした。

初めての機械施工に混乱する現場

機械の威力に、現場にいるだれもが驚異の目を見張った。いちばん驚いたのは機械力の導入を提唱した永田であったかもしれない。すでに三年を切った工期、だが、工期内完成は射程距離に入った、と永田は自信を深めていた。それでもなお、永田は深夜まで技術書に没頭し、新しい技術の習得に余念がない一方、周囲のものを徹底的に鍛えあげた。

生来の短気と一本気が、一六〇センチに満たない永田の小柄な体に充ちていた。いきなり灰皿をつかみ、机の上に叩きつけて憤りを表すのは日常茶飯事だった。

「コンクリートの打設中に型枠がこわれました」

報告を聞くなり、灰皿が飛んだ。片時もたばこを離さないヘビースモーカーだ。部屋中にすいがらがとび散った。

「この野郎、おれがいいつけたとおりに型枠を丈夫なものにしなかったのかッ！」

「型枠大工が『おれは十何年も型枠大工をしてるんだ。おれのつくったものがこわれるものか』とたいへんな剣幕で食ってかかってきたものですから、ついそれを信用してしまって……」

「その結果がこのザマだ。ポンプクリート*を使用すると、一時間に三〇～四〇立方メートルのコンクリートを打ち込むんだ。だからいままでのようなへなちょこの型枠じゃもたないから、よほど丈夫なものにしろっていったんだ」

「すみません」

「すみませんですむと思うのか、バカ野郎。大工の頭の切替えをさせろ。いいか、いままでの日本ではやったことのない近代的機械施工をやってるんだ。十何年だか何十年だか知らないが、あいつらがこれまでやってきた経験なんて、くその役にもたたないってことをわからせてやれ。ついでにおまえの頭もすげかえろ」

あらん限りの罵声を投げつけても怒りはおさまらない。

「みんなの頭の切替えが一日遅れれば、工事が一日遅れるんだ。おぼえとけ」

つるはし、モッコからいきなり機械施工に変わり、現場が混乱しているのは事実だった。機械に翻弄されるばかりで、新しい工法に慣れないうちは、ともすればもとの工法に戻ろうとする。手作業の方が早いのではないかという風潮が強いのだ。

＊ポンプクリート：コンクリートポンプ（コンクリートを配管などで打設現場へ圧送する装置）を使用して打設するコンクリート。

どれほどきびしく叱責しようが、どれほど強制しようが、佐久間を完成させるためには、新しい工法をつづけなければならないのだと、永田の信念はゆるがなかった。同時に佐久間の成功、不成功が、今後の日本の土木事業を画期的に変えることになるであろうことをも疑わなかった。

罵詈《ばり》雑言《ぞうごん》をあびせながらも慕われた男

ダムをつくる場合には、まず仮排水路を掘って川の流れを変えることは先述した。これを仮締切りという。ダム工事でのひとつのハイライトだが、それまで自然に流れていた川の流路をむりやりに変えようとするわけだから、川は抵抗する。川と人間の力くらべでもある。人力だけに頼っていたときには、仮締切り作業に一〜二週間を要した。機械化すれば一日半と永田は読んでいた。

だが、九台のダンプトラックと、二台のブルドーザーと、二台のパワーショベルがフル操業して仮締切りに要した時間は、たったの五〇分だった。永田でさえ見事に予想を裏切られたのであった。

機械の威力に圧倒されているうちに、この現場で仕事をする者たちのだれもが、次第に技術新時代の到来を感じ取るようになっていた。機械化施工第一号、佐久間ダムの建設は画期的であったのだ。現場近くの宿舎で遅くまで原書を読みふけり、技術を研究した永田の、土木技術者としての先見性が摑みとった勝利といっていい。

着工から一年八カ月、ダム本体完成。昭和三〇年（一九五五）一二月六日、仮排水路のゲートが閉められた。バイパスを通って流下していた天竜川は、佐久間ダムで締め切られたダム湖に水を注ぎはじめた。＊湛《たん》水《すい》だ。第二次、第三次の湛水で、発電の日を迎えた。昭和三一年（一九五六）四月二三日、着工から三年と七日目であった。この日から、新たに年間一三億キロワットの電力が生み出されたのである。

あばれ川天竜に立ち向かい、当時の日本

佐久間ダム（土木学会）

＊湛水：水を貯めること。ダム完成後に試験的にダムに貯水して安全性を確認することを試験湛水という。

では未知の技術を駆使して、川を治めたのだ。永田を先頭に、死力を尽くした人びとの強靭な意志の力であったというべきだろう。

当時を振り返り、永田所長を語る電発の職員たち……。

「ちょっとした手抜き工事でも、永田所長の目にとまれば情け容赦のない雷が落ちました。『この野郎、責任者出てこい。こんな仕事をするヤツはいますぐやめてしまえ。馬鹿もんッ、やり直しだ。すぐにやり直せ』ですよ。職員であろうが業者であろうが、言い訳などしようものなら、摑みかからんばかりの勢いで怒鳴りつけられました。しかし、永田所長に罵詈雑言の限りを尽くして叱り飛ばされたことが、いまではわたしの宝物になっています。所長が永田さんだったから、文句もいわず、使命感に燃えて、仕事ができたのです」

「人間味というか、人間的厚みがあった。おまえなんか、やめてしまえッと何度も怒鳴られたけど、永田所長にはそのあとの人間関係をおもんばかるような打算が働かないんだ。だから純粋に怒れるんだ。永田さんの真意がわかって、このひとの下で一所懸命やろうと思うようになった。結局のところ、あの技術者の純粋さに惹かれていたのだ」

「永田さんの人間性プラス技術力に触れるにつけ、次第に心酔していった」

昭和五六年（一九八一）一二月三一日、永田は八十四年の生涯を閉じた。葬儀の日、正月というのに、夏の夕立のようなはげしい雨が降った。「あばれ天竜を治めた男」を象徴するような空模様、とでもいおうか。

藤井 松太郎（ふじい まつたろう・一九〇三〜一九八八年）

難境に挑む鉄道技師の誇り

「一所懸命努力して、
十分な安心感を持てるだけの
万全の仕事をしなければ、
ひとさまに対してというより、
自分自身に対して申しわけが立たない」

「昭和四八年（一九七三）九月から第七代国鉄総裁として、わたしはおよそ三つの問題に取り組んできました。国鉄の財政再建、労使関係、事故防止です。結果として、オイルショックに見舞われたために物価高騰をきたし、そのあおりをくらって、財政再建はできませんでした。労使関係は不健全そのもの、事故を皆無にすることには、到底及びませんでした。国鉄職員全員が明るい希望を持ち、楽しく働ける職場づくりをすることが、国鉄再建にほかならないと、駑馬《どば》に鞭打ち、努力もし、闘いもしてきました。しかし、自他ともに満足できる解決にいたることなく、任期途中で退任せざるを得なくなりました。願わくば新総裁の下で全員が一丸となり、国鉄を盛り立てるべく、力を尽くしていただきたい……」

全職員四三万人を代表する三〇〇人の幹部に向かって、こういい残し、藤井松太郎は国鉄を去った。昭和五一年（一九七六）三月六日、総裁任期はまだ一年三カ月を残していた。

「海に向かって、掘れ」の大号令

藤井松太郎は明治三六年（一九〇三）一〇月五日、貧しい移住農民、藤井豊吉、チエの長男として北海道雨竜《うりゅう》郡一已《いっちゃん》村に生まれた。地元の小学校を出たあと、両親の実家のある香川県大川郡白鳥の大川中学校に進み、岡山の第六高等学校から東京帝国大学工学部に進学した。大学で土木工学科を選んだのは、ふるさと一已に完成した大正用水（石狩川から取水した農業用水路）のおかげで、北海道で米がつくれるようになった、と喜んでいた両親の顔を思い出したからだった。馬鈴薯やとうもろこししか栽培できなかった土地を水田に変え、農民に潤いをもたらしたのだ。「土木」とはそういう仕事であることを、弁当に塩味のいもだんご一枚を新聞紙にくるんで持っていった幼少時と重ね合わせたのだった。

昭和四年（一九二九）、藤井は鉄道省に入省、以後五〇年に及ぶ鉄道技師人生のスタートを切った。

ほくろの親玉のようなイボがいくつも顔面に散らばっている藤井に、「いぼ松」と渾名がついた。イボが七つあるところから、洒落て「セブンスター」と呼んだものもいた。もっとも普及していたのが

青函トンネルの内部（土木学会）

「トンネル松」だった。

「おれが実際に掘ったのは、尾鷲トンネル一本だけだよ」

藤井はいっていたが、建設に携わったトンネルは数え切れない。なかでも津軽海峡海底の青函トンネル掘削に際して、

「海に向かって、掘れ」

と大号令をくだしたのは、国鉄津軽連絡線隧道技術調査委員会委員長のときだった。隧道技術調査委員長がゴーサインを出したということは、全長約五四キロ、海底部二三・三キロという世界に例のない海底トンネル掘削技術を国鉄技術陣が手にしていることであった。昭和二九年（一九五四）九月二六日夜半、津軽海峡を直撃した台風一五号で、青函連絡船洞爺丸をはじめ、日高丸、北見丸、十勝丸、第十一青函丸が転覆沈没、大勢の犠牲者を出す大事故*に見舞われたのが引き金となって、青函トンネル実現の声が澎湃《ほうはい》として起こっていたのだ。昭和三九年（一九六四）には日本鉄道建設公団が設立され、津軽海峡の海底に発破音が響いたのである。

技術者の夢よりも安全を優先させた勇気ある決断の数々

「新幹線生みの親」ともいわれた。昭和三九年（一九六四）一〇月一日午前六時、日本で

＊大事故：洞爺丸沈没による死者・行方不明者は1000人を超え、日本海難史上最大の惨事となった。

初めての広軌*鉄道、東海道新幹線がスタートした。藤井は国鉄技師長として、第五代総裁石田禮助の傍らで「ひかり」一号の晴れの門出を見送った。このとき藤井は二度目の技師長だった。

第四代十河信二国鉄総裁が広軌新幹線建設を提唱したとき、真っ先に反対を唱えたのは一度目の技師長であった藤井だった。東海道線は通勤や貨物の輸送量の増大で、限界にきていた。増大に伴って、従来列車通過の合間に行っていたレール交換などの保守も、十分にできなかった。その抜本的解決策として十河総裁が打ち出したのが広軌鉄道だった。藤井としても、それに異はない。だが、大蔵省から支出される国鉄の建設費は単年度予算として、毎年国会での承認を待たねばならない。予算獲得の辛酸をなめ尽くしていた藤井にとって、莫大な資金を必要とする広軌新幹線の建設は、予算獲得の点において、夢のまた夢としか考えられなかったのである。そしてこの時期、国鉄技術陣の大多数が藤井と意見を同じにしていた。

しかし、十河総裁は東海道新幹線建設を断行した。このとき藤井は技師長を退いた。代わって島秀雄が技師長の座に就いた。

藤井はそのまま手を拱《こまね》いていたわけではなかった。島田～藤枝間三キロの直線区間に、在来線に沿ってテスト用狭軌線路（在来線と同じレール幅）を敷設させ、木材やコンクリートなど、材質や形にさまざまな工夫をこらしたマクラギを用いて、列車を走らせた。風圧を小さくするために、車両が流線形となり、列車の震動を防止する装置が開発されても、時速二

＊広軌：レールの幅が1435ミリより広いもの。

〇〇キロの走行に耐え得る線路が完備されなければ、新幹線は走れないのだ。

試験列車は次第にスピードをあげた。列車は島田のポイントを時速一一〇キロで通過した。最高速度九五キロの当時の在来線からは考えられないスピードだった。藤枝までの三キロ区間では、時速一三七キロ、狭軌としては世界最速を出すことに成功した。しかも、列車が通過した線路に異常はまったく認められなかった。狭軌の一三七キロは広軌の二〇〇キロに相当する。時速二〇〇キロの広軌新幹線建設に、国鉄の土木技術が通用することを、彼は証明したのだった。

当初予算の倍額を上回った責任をとって、十河総裁が辞任したあと、第五代総裁に石田禮助が就任した。石田総裁のたっての要望で二度目の技師長となった藤井は、島技師長に代わって新幹線を完成させる立場に立つことになったのである。彼はまず十河を訪ね、

「先見の明がなく、新幹線に反対を唱えて申しわけありませんでした」

と深ぶかと頭を下げた。率直で淡白な土木技術者、藤井らしいけじめのつけ方だった。

技術の進歩には少々の無理が伴うことは承知のうえで、しかも、技術者はその無理を押し通したがるものだが、国鉄技術陣の頂点に立つものとして、藤井は勇気ある決断を何度もしている。開業から十三カ月目の昭和四〇年（一九六五）一一月一日、新幹線は当初予定の東京〜新大阪三時間を実施しようとしていた。しかし、その前日になって地盤が悪いためにスピードダウンしなければならない区間が判明した。このとき藤井は技術者の夢より運輸の安

全を優先させた。東京～新大阪間の所用時間は三時間一〇分に延長された。

開業十三年を迎えたころ、東海道新幹線は予想以上の輸送量などで施設が摩耗疲労していた。一度全線を停めて徹底的に総点検することを提案したのは滝山養技師長だった。事務職員たちは、そんなことをすれば国会で問題になり、国鉄の立場がなくなる、マスコミに叩かれると真っ向から反対した。

「おれたちがいちばん心を配らなきゃならんことは、安全なのだ。安全が第一だ。気を使う相手は国会でもなきゃ、マスコミでもないんだ」

と、月に一度、日を決めて新幹線を全線ストップし、総点検を実行するとの断をくだしたのは、第七代総裁となっていた藤井だった。

土木技術者としての力量をいかんなく発揮した信濃川水力発電所建設

「鉄道技師」であることに、藤井ほど誇りを持っていたものはいなかったかもしれない。戦前の日本で、帝国大学工学部の卒業生の就職先は鉄道省か内務省とほぼ決まっていた。先進諸国から大きく遅れをとり、社会資本整備をお雇い技術者の指導を仰がねばならなかった日本の土木技術が、ようやく独立を果たしたのが明治中期。以来、鉄道と河川改修の分野で、日本の土木技術は進歩を遂げていった。鉄道技師はそうしたなかで、揺るぎのない地位と誇りを築いてきたのだった。

「おれは発電屋だ」

と藤井はよくいった。JR東日本の山手線や中央線、総武線などの電力は信濃川水力発電所から送られてくる。信濃川の上流に調整池を設けた水力発電所は明治四二年（一九〇九）に第一期工事が計画され、昭和四四年（一九六九）にスタートした第四期工事をもって完成した。新潟県小千谷と千手発電所を合わせて二四万キロワットの発電が可能となっている。国鉄とともに生きた五〇年の職務のなかで、藤井が最も深くかかわり、土木技術者としての力量を発揮したのが信濃川水力発電所建設だった。

　初めて信濃川工事事務所勤務となったのは昭和一二年（一九三七）、わが国の石炭の寿命があと五〇年との閣議決定で、全国的に鉄

信濃川発電所第一期工事落成当時の様子（土木学会）

道電化を前提として水力発電計画が持ち上がり、その水源を信濃川に求めることとした。藤井が最初にこの現場に着任した当時、アメリカから輸入した第一号のブルドーザーがただ一台、堰堤の地ならしをしているに過ぎなかった。

太平洋戦争で中断していた信濃川水力発電所建設工事が再着工したのは昭和二六年（一九五一）、東京ではすし詰めの通勤通学電車が乏しい電力であえぎながら走っていた。そうした輸送上の電気需要に対して欠くべからざる電力として、占領下の日本がＧＨＱを説き伏せ、実施に漕ぎつけたのだった。

水力発電は建設費の約一割で、金利や運転費がまかなえることを考慮すれば、将来的に効率の高いことは疑いないのだ。

藤井は昭和二七年（一九五二）四月に国鉄理事、技師長を命じられるまで、その間戦時中に鉄道省派遣橋梁修理班の作業隊長として中国の淮河《わいが》橋梁などの修理に携わったが、信濃川水力発電に係わった。そして建設、建築、保線、ヤードなどに大別される鉄道技師の職種のなかで、最も難しい技術とされる「発電屋」であったことを誇りとしていたのだった。

心から仕事を愛し、技術を愛し、人を愛した鉄道技師

昭和三三年（一九五八）二月、任期満了に伴い、国鉄常務理事を辞任、二七年間勤めた国

鉄を退職した藤井は、鉄道技術関係のコンサルタント会社、日本交通技術を設立した。技術者にとっての技術は知識である。欧米には技術指導を専門に行う職業、技術コンサルタントがすでに存在していることを知ったのは二〇年も前のことだった。技術イコール知識そのものに価格がつけられるならば、医師や弁護士と同様、技術者の地位が高められることになる。欧米のように技術を専門に売ることが職業として成り立つこと自体に、技術の進歩があると、そのころから藤井は考えていたのだ。

土木学会第五〇代会長に任命されたのは、技術者の地位向上に全力投球している時期だった。彼は若い土木技術者に向かって、次のようなメッセージを贈っている。

「一所懸命努力して、十分な安心感を持てるだけの万全の仕事をしなければ、ひとさまに対してというより、自分自身に対して申しわけが立たない」

彼自身、八四歳の生涯を閉じる間際まで、原書を読んで技術を磨いていた。技術を愛し、技術に生き、技術者を育てることに喜びを感じていた。

昭和四八年（一九七三）九月、ときの総理、田中角栄の強い要請を受けて、藤井は第七代国鉄総裁に就任した。新潟県出身の田中首相とは信濃川工事事務所長時代からの付き合いで、互いに、「田舎代議士」「へっぽこ官吏」と呼び合う仲だった。大雑把に見えて、内部に緻密なものを持っており、人間味という共通の特性で理解し合うところがあったのだろう。断わり下手、お人好し……、自嘲しながらも藤井は、田中首相じきじきのたのみを受け入れてしまったのだった。現場では常に「おれがやらなきゃ」という気持ちで仕事をしてきた。その心根がこの場合にも出てしまったとしかいいようがない。

総裁の職務は権限らしい権限はなにもない。運賃は国会に押さえられ、政治家と労働組合にいじめられるだけのものだ。反面、職責は大きい。事故が起これば、いっぺんに首がとぶ。いわば貧乏くじをひいたようなものだと藤井は思った。

国鉄内部の情勢は、この時期すでにけわしいものを抱えていた。まず累積赤字一兆一四〇〇億円、債務三兆七〇〇〇億円である。加えて荒廃の極みに達している労使関係。労使は車の両輪のごとく、同じ回転で同じ方向に走るものと信じてきたからこそ、難局にある国鉄の総裁を引き受けたのだが、現実は、両輪は車軸を離れてばらばらになっていた。

スト権を勝ち取るためにストを行うという、労組が打ち出した態度に対応する国鉄当局、藤井は予算委員会で発言を求められ、自民党交通部会に呼び出され、一方では国民の国鉄ばなれという事態に追い込まれ、傍から見れば四面楚歌の状態にあった。そうしたなかにあっても、みんな同じ国鉄の仲間、組合員に自分の気持ちが通じないわけがないと藤井は信じていたし、やがて組合員にも総裁のまごころが伝わっていった。

だが、政治家たちは藤井の心情を理解しなかったようだ。彼らから罵詈雑言を浴びせられ、心が傷つき、健康を損ねた藤井は「鳥飛ぶに倦《う》みて還るを知る」という陶淵明*の心境そのまま、任期を一年半残して総裁を辞任した。

言葉づかいは決して上品ではなかった。むしろガラの悪い方だった。しかし知性と感性が支えとなっているから、人格的に支障をきたすことはなかった。スト権ストさえなければ、だれからも慕われる包容力のある総裁として、もっと長くその座にいたにちがいない。

彼以上に国鉄を愛した男は、おそらくいないであろう。豪放磊落《ごうほうらいらく》にして緻密、分け隔てなく人に接するひとだったとは、彼を知るひとが口を揃えていった賛辞である。JR東日本会長であった山下勇氏はこう評した。

「人に感動し、人生に感動し、仕事に感動し、部下のために涙した。あんな男はもう獲れませんよ」

＊陶淵明：中国の東晋末から宋にかけての詩人。田園詩人、隠遁詩人と呼ばれる。

富樫 凱一

（とがし がいいち・一九〇五～一九九三年）

日本列島を道路でつなぐ

「きょうから皆さんとともに
本州四国連絡橋建設の
大きな事業に
力を合わせてまいりたいと思います。
老子曰く
『つまだつ者は立たず、 またぐ者は行かず』。
大きな仕事は、 功をあせらず、
腰を落ち着けて一歩一歩着実に
進めていく必要があります」

一般に高速道路と呼ばれている高規格幹線道路の供用延長は、一般国道の自動車専用道路と本州四国連絡道路を含めると、平成一二年（二〇〇〇）末、七八〇〇キロに達している。これは昭和六二年（一九八七）に決定した高規格幹線道路計画、一万四〇〇〇キロの五六パーセントに相当する。昭和三一年（一九五六）八月に来日した名神高速道路調査団のラルフ・J・ワトキンス団長は「日本の道路は信じがたいほどに悪い。工業国にして、これほど道路を無視している国は他にない」と報告書に記したが、事実、当時の日本の道路はでこぼこだらけの砂利道が伸びていたに過ぎなかった。以来四十余星霜、ひたすら道路整備に取り組んだ技術者集団がある。富樫凱一は常にその先頭に立ってきた。後進の道路関係者は口を揃える。

「富樫さん抜きで、日本の道路は語れない。富樫さんは道路技術者のなかで、親父のような存在だった」

GHQの関門道路トンネル水没命令に身を挺して反対

富樫凱一は戊辰戦争に敗れ、北辺の地に追いやられた元庄内藩士の子として、明治三八年（一九〇五）一一月一七日、北海道旭川市に生まれた。裁判所や鉄道の役人であった父の任地の関係で札幌、小樽、室蘭などを転々とし、鰊《にしん》の漁場が子どものころの遊び場だった。

昭和四年（一九二九）三月、北海道帝国大学工学部土木科を卒業、内務省土木局に入省し

た。主として道路畑を歩くことになった富樫は、いつしか日本列島をつなぐ仕事に夢を見出すようになっていた。この時期、内務省土木局では関門国道連絡計画のトンネル、橋梁両案の比較設計を行っていたが、国防上の理由でトンネル案が採用されると、富樫は昭和一五年(一九四〇)から関門国道建設事務所に勤務、計画部長としてトンネル全体の施工計画にあたり、海底部の掘削に着手した。

しかし、この工事は戦争で中断され、戦後は占領軍から水没するよう要請された。だが、

「ひとたび水を入れたら、再開不能になる」

と富樫は抵抗した。富樫にとって、関門道路トンネルは日本列島をつなぐ夢の第一歩であったのだ。彼は工事途中のまま放置されていた関門道路トンネルを、直ちに工事再開は不可能であっても、水没からは死守しなければならないと、やむにやまれぬ気持ちに駆られ、GHQの水没命令に身を挺して反対したのだった。

昭和一一年(一九三六)の着工から中断の時代を経て、日本道路公団に引き継がれ、二一年の歳月をかけて関門国道トンネルが完成したのは昭和三一年(一九五六)三月、富樫が道路局長在任中のことである。

困窮した財政のなかでの道路整備。実質ゼロからのスタート

昭和二三年（一九四八）、内務省が解体して建設省が発足。富樫は翌年、建設省建設課長となり、同二七年（一九五二）七月、道路局長に就任、以来五年一〇カ月にわたり、そのポストに在職した。

当時の日本の道路事情はといえば、端的にいって、形を成してはいなかった。もともと日本の道路は人間と馬が通るだけのものであり、馬車の時代はなかったから、道幅は狭く、石葺き舗装の箇所さえ限られたものだった。大正時代になって道路整備三〇年計画が立てられた。しかし、間もなく始まった戦争で実施には到らず、戦争が終わったとき、日本の道路は主要幹線道路の国道一号でさえ砂利道の連続だった。雨が降れば水たまりだらけの泥んこ道、晴天が続けば砂ぼこりが舞い上がる。あまりのお粗末さに、マッカーサー司令部から舗装せよと改修命令が出た。整備された道路が四通八達《しつうはったつ》するアメリカ人の目には、日本にあるのは道路ではなく、道路用地に過ぎないと映ったのだろう。改修といっても砂利道を半分ずつに区切って舗装するだけの維持修理が精一杯だった。このころ自動車保有台数は約一四万に過ぎなかった。

道路局長に就任した富樫が取り組まねばならない問題、それは平和条約発効直後の、日本

経済の急速な復興に伴う自動車交通量の激増に対処し、国家財政貧困のなかにあって、立ち遅れた道路整備の近代化をいかに進めるか。独立後の将来の趨勢を見通した道路政策の樹立と道路整備財源の確保。道路行政はいわばゼロからのスタートであった。

まず、新道路法の施行を推進し、一級国道、二級国道等の路線網を整備するとともに、道路構造の基準の制定、近代的な道路管理の推進をはかる。

限られた財源で道路整備を積極的に進めるために、旧道路整備特別措置法による有料道路事業の推進をはかり、昭和三一年（一九五六）には同法を全面改正、有料道路建設の法制と機構の整備をする。さらに、計画的な道路整備を推進するために、昭和二八年（一九五三）、道路整備費の財源等に関する臨時措置法を制定、揮発油税の特定財源化と長期計画の確立をはかる。

いわゆる道路三法の制定に身を張った富樫は、道路局長室の扉に張り紙をした。

「道路三法に反対した代議士、これから反対する代議士は、道路局長室に入るを許さず」

これらは今日の道路整備の基礎といえるものである。こうして整備された道路網なくして、戦後の疲弊した国民の生活が改善され、また、経済成長を果たすことはなかったであろう。

また、昭和二九年（一九五四）、第一次道路整備五カ年計画の策定、同三三年（一九五八）、道路整備緊急措置法と道路整備特別会計法の制定。地方道路整備の財源の確保に努めるとともに、積雪寒冷特別地域における道路交通の確保に関し、特別措置法の制定に基づく五カ年計画を策定した。

高速道路に関しては、このころ国会議員のあいだで、最初につくる高速道路を、東海道（大都市、工場地帯の産業基盤を整備し、輸送力を増強することで経済の発展をはかるのが目的）か、中央道（山間地などの開発を進め、これを有効に利用することで経済の発展をはかるのが目的）か、意見が分かれていた。中央道の場合は日本列島に背骨を通すという意味合いが含まれていた。

富樫は日本列島の脊梁《せきりょう》より二つの地域間を短時間で結ぶことに主眼を置き、その意味からも東海道の早期着工を目論んでいた。まず日本経済の復興を優先する、それには工業地帯を結ぶ必要がある。東海道には日本の六大都市が並んでおり、人口は総人口の三十数パーセント、工業の生産額は総生産額の大半を占めている。

建設省はアメリカの調査団を招請した。団長はラルフ・J・ワトキンス博士であった。昭和三一年（一九五六）三月末、自動車保有台数は一〇〇万台を超えていた。

窮余の策から日本道路公団を設立

弾丸列車*計画が実施されようとしていた昭和一五年（一九四〇）、道路関係者のあいだでも弾丸道路建設計画が取り沙汰されていた。日本の陸上輸送は長いあいだ、鉄道主導で発達

＊弾丸列車計画：東京―下関間の約1000キロメートルを結ぶ長距離高速鉄道建設計画のこと。戦時中に中止となったが、計画の一部は戦後の新幹線建設に引き継がれた。

してきたのだが、陸上輸送の主役は本来的には道路であるとの思いが、道路関係者たちから消えたことはなかったのだ。

戦争を取り巻く環境で頓挫していた高速道路計画が改めて浮上したのは、富樫の道路局長在任と機を一にしていた。

高速道路をつくる必要性には駆られている。だが財政的に余裕がない。そんなときだった。ときの宰相、吉田茂が富樫の耳に吹き込んだ。

「アメリカあたりでは、盛んに有料道路をやっているじゃないか。アメリカは道路のためなら日本にいくらでも金を貸すよ。だから、ひとつ一所懸命やってくれよ」

吉田総理は「ぼくはきみの味方だよ」とまでいった。

ワトキンス調査団の招請は名古屋〜神戸間の高速道路建設計画について、採算性、経済効果、路線計画や事業費の妥当性などを検討してもらうためだった。

八〇日間にわたり名古屋と神戸間の建設予定地を詳細に調査した結果、六〇〇ページにものぼる英文のワトキンス・レポートの冒頭に書かれていたのが、本項イントロに記した「日本の道路は信じがたいほど悪い。工業国にして、これほど道路を無視している国は他にない」の一文だった。

だが国内では、機械設備や舗装のための石油の輸入に外貨を使ってまで高速道路をつくるのはもったいない、という意見が根強い。一方で、日本の輸出力は急成長する。そのためにも外貨を導入して輸送道路を整備することが大事だとする発想がある。ワトキンス調査団長の意見は後者だった。

富樫は考えていた。すでに東海道の交通量は飽和状態に達し、新たにもう一本の道路をつくる必要が生じている。しかし、日本全体の道路整備の進捗が非常に悪いなかで、公共事業費でつくることは財政のうえからも困難だ。そこで民間の資金なり外資なり、他の資金を投じ、道路を有料にすればいいのではないか。道路建設専門の公団の設立を発想したのである。

この考えのもとに日本道路公団法を制定、昭和三一年（一九五六）四月、日本道路公団が設立された。そして同三五年（一九六〇）三月、名神高速道路への第一次世銀借款《しゃっかん》が成立、つづいて東名高速道路への借款が成立した。

中央分離帯で分けられた四車線の高速道路が日本の土地に出現したのは昭和三六年（一九六一）三月二〇日のことだった。京都市の東端、山科、高速道路の起点だ。道路延長は四・五キロにすぎなかったが、ここで約四カ月間、騒音、タイヤの滑り、標識、夜間走行などさまざまな走行試験が行われた。時速一〇〇キロというスピードは、それまでの日本では考えられない速度だった。それはまさに日本の高速道路時代の夜明けであり、「陸上輸送に革命を起こす」という道路技術者の熱き思いが未来への扉を開けた瞬間でもあった。

＊借款：国際機関や国家間における貸借のこと。

日本道路公団総裁として自動車交通の発展、地域開発の発展に貢献

昭和三五年（一九六〇）四月、建設省を退職した富樫は、同三七年（一九六二）三月、請われて日本道路公団副総裁に就任した。折柄、名神高速道路建設の最盛期にあり、新技術、新工法の開発に努め、大規模な急速機械化施工と設計方法を確立、昭和三八年（一九六三）七月には尼崎～栗東《りっとう》間、翌年四月には栗東～関ヶ原間を供用開始して、わが国高速道路時代の幕を開き、自動車交通の発展と国民経済、地域開発の進展に寄与したのであった。

また、東名高速道路と中央高速道路の建設に着手するとともに、国際復興開発銀行からの第三次、第四次借款に力を尽くした。

そして昭和四一年（一九六六）五月、富樫は日本道路公団第三代総裁に任命された。この年七月、国土開発縦貫自動車道建設法が国土開発幹線自動車道建設法に改正されて、全国七六〇〇キロの高速自動車道路網が法定された。日本道路公団は本格的な全国高速自動車道路網の建設に着手したのであった。初代の総裁であった岸道三には、緑の豊かな道路が立派な道路の第一歩だという発想があった。高速道路は走行者に快適さを与えるものでなければならず、後世へのすぐれた土木遺産として、質の高いものでなければならなかったのである。

この時期、わが国の自動車保有台数は一〇〇〇万台に達していた。

「日本列島をつなぐ」ために注いだ情熱と技術力

昭和四五年（一九七〇）七月一日、本州四国連絡橋公団が発足、富樫は初代総裁に任命された。「日本列島をつなぐ仕事をしたい」、若い日に抱いた夢を現実のものとする日の到来であった。

「本日総裁を拝命した富樫凱一であります。当年六四歳になります。きょうから皆さんとともに本州四国連絡橋の大きな事業に力を合わせてまいりたいと思います。老子曰く『つまだつ者は立たず、またぐ者は行かず』。大きな仕事は、功をあせらず、腰を落ち着けて一歩一歩着実に進めていく必要があります」

富樫の挨拶は集まった技術者たちに大きな感銘と深い印象を与えた。本州四国連絡橋の建設は、世界有数の規模の長大吊橋をきびしい自然条件のもとで建設しようとするものであり、その建設にあたっては、地震、台風、波浪、潮流等による影響など幾多の解明すべき問題点があった。調査検討を重ね、難問を克服し、着工の見通しを得たうえで、昭和四八年（一九七三）一一月、三ルート同時着工の記念すべき起工式を迎える準備が進められていた。

第一次オイルショックに伴う総需要抑制策の一環として、本四架橋起工中止が閣議決定されたのはその矢先のことだった。事業凍結……、富樫の無念の想いはいかばかりであったろう。

　だが、富樫がこうした事態に完全に屈することはなかった。工事再開に備えて技術の開発を推進し、また、環境問題、航行安全対策の検討、補償問題の解決にあたるなど、工事再開へ向けて万端の準備を整えた。

　昭和五〇年（一九七五）八月、一年九カ月ぶり凍結解除。同年一二月大三島橋、翌五一年（一九七六）七月、大鳴門橋の着工を迎え、本四架橋実現の第一歩を踏み出したのであった。その間の筆舌に尽くせぬ苦労の数かず……、推察するに余りある。

　いま、本州と四国は瀬戸大橋（児島～坂出ルート）、西瀬戸大橋（尾道～今治ルート）、明石海峡大橋（神戸～鳴門ルート）の三橋で結ばれている。このことは交通史上画期的な出来事であり、国土の一体化と地域の活性化を通じて、世

瀬戸大橋（本州四国連絡高速道路株式会社）

代を超えてわが国の文化と発展に大いに貢献する資産の創造であった。同時に日本の橋梁技術を世界最高の水準に達せしめた点において、学術的にも非常に大きな意義を持っている。この偉業が達成されたのは、ひとえに列島一体化の基本理念実現に注いだ富樫の情熱と技術力、そして指導力によるものといっていい。

「……すべてわたしの責任です」。いい訳を一切しない円熟した人格者

富樫と親交のあった谷藤正三元北海道開発事務次官は述懐する。

「この厳しかるべき業績を持ちながら富樫さんの人生はなんの飾り気もない淡々たるものでした。多くの部下を持つ仕事の中には失敗もあれば成功もある。しかし、氏にはいい訳という言葉がなかった。『わたしの指導が悪かったために……、すべてわたしの責任です』で終わるのです。国会答弁までこの調子で、だれも追求できなくしてしまった。ともあれ、日本の国にとっては苦難の時代であったかもしれないが、富樫さん自身の人生にとっては、若き時代には新進技術者として一二〇パーセントのエネルギーを発揮して国土建設に体当たりし、全建設技術陣営を率いては世界に先駆けた先端プロジェクトを完成して苦難の道を乗り越え、かかるが故に、世にも稀な円熟した人格者となり、悠々せまらざる大人の風格を具えられるようになられたものと思うのです。多くの人を愛し、多くの人に愛された

富樫さんでした」

富樫は昭和六三年（一九八八）一一月、文化功労者として顕彰された。さらに文化勲章を受けることが期待された。技術者が文化勲章を受ける資格のひとつとして、博士号を持っていることが必要条件といわれている。そこで関係者は富樫が先に土木学会論文集に発表した『わが国における長径間吊橋の計画に関する研究』を出身の北海道大学に提出して、学位を取得しようとした。しかし、富樫はそれを固辞し、博士号の取得を辞退した。博士号は若い者に取らせたいというのが、富樫のいい分だった。

こよなく妻を愛し、日本酒を愛し、相撲を愛した富樫が八七年の生涯を閉じたのは、平成五年（一九九三）四月二一日、明石海峡大橋の完成した勇姿をその目に納めることはついになかった。

粟田　万喜三（あわた　まきぞう・一九一一～一九九〇年）

名城を支えた石積み技術の伝承

「収まりのつかないやんちゃな石がある。
へそ曲がりもいれば、別嬪さんもいる。
それぞれの石の個性を尊重して配置するのや。
人材の配置と同じや。
一方的にこちらの気持ちを
押しつけるのやない。
石の気持ちをまず理解してかかれ」

皇居外濠周辺の風景は、東京のシンボルにとどまらず、世界にも類いのない美しい景観である。これと同じような風景を、私たちは日本各地にある近世の城址に見ることができる。その「美」を演出しているのが、満々と水をたたえた濠に優雅な影を映す石垣だ。

四百数十年の歴史を刻みつけた近世の城の石垣の多くは、穴太衆《あのうしゅう》と呼ばれる石工によって築かれた。穴太衆の石積みは全国の城郭の八〇パーセントを占めるが、いま、その技術を継承しているのは、比叡山延暦寺の門前町で一四代を継承する粟田家のみとなっている。

一三代粟田万喜三は、石積みの技術が衰えつつあるときに、名城や名刹などの歴史遺産を手厚く補修し、さらに後世に伝えるべく、石積みを日本の文化に位置づけた。六五年間この道一筋に生きた万喜三は、大津市無形文化財（昭和五〇年（一九七五））指定、黄綬褒章（同年）受章、吉川英治文化賞（昭和五八年（一九八三））を受賞した。

自然消滅していった石積み職人。粟田家だけが技術を伝承する

粟田万喜三は明治四四年（一九一一）二月一日、穴太衆一二代弥吉の長男として滋賀県大津市坂本町に生まれた。坂本尋常高等小学校を卒業と同時に、病いがちだった父、弥吉に代わって「頭《かしら》」を務めるようになったが、その当時、石積みの需要はほとんどなく、粟田建設は一般土木を業務としていた。

穴太衆のルーツは六世紀中ごろから七世紀初頭にかけて、朝鮮半島からの渡来人がもたらしたものと伝えられている。比叡山系と琵琶湖にはさまれた坂本町周辺には、渡来人が築造したと推定される二〇〇〇を超える横穴式古墳群があり、地元の花崗岩を用いた野面積《のづらづ》みが石室に施されている。その技法が渡来人の子孫によって温存され、延暦二六年（八〇六）、天台宗総本山、比叡山延暦寺開創に際して寺院や坊舎の石垣づくりに活用された。

穴太衆ということばが文献に初出したのは天正四年（一五七六）、安土城築城の折である。織田信長は安土城築城に際し、従前の城にはなかった五層七階の壮麗な天守を設けた。これが近世の城の始まりであるが、このとき城郭の石積みには近在の穴太（現大津市坂本）から大勢の石工が動員されていた。

「どこからきた？」と聞かれた職人が「穴太から」と答えたところから、石積みの工人イコール穴太衆ということばが生まれ定着した。

安土城を嚆矢《こうし》とする築城時代は、徳川幕府による元和（一六一五〜一六二三）の一国一城令の発布までつづいた。江戸、駿府、名古屋、二条、大坂、高知、熊本、姫路、彦根……、いまも残る名城づくりには二五〇〜三〇〇人の穴太衆が、その需要に応えた。堅固な石積みができる集団、穴太衆は全国の大名からひっぱりだことなった。

穴太の石積みは本来、野面積みといわれるもので、加工を施さない自然石を用いる。大きさや形状の異なる石を巧みに組み合わせ、がっちりと積み上げられている。上下の石は表面が合わさる（端持という）のではなく、石面から一〇センチばかり奥に入ったところ（二番という）で合わせてある。この組み方は石垣としてもっとも安定した構造となる。隙間には大量の栗石《ぐりいし》（一五〜二〇センチの川石、現在は採れないので割石を使っている）を詰める。栗石は水抜きや土圧*を吸収する働きをし、これが少ないと土圧や水圧で石垣が崩壊する恐れがある。外観の美しさよりも堅固さに重点を置いたものといえる。厳密にいえば一〇〇パーセント野面積みをしているのは安土城だけで、その後に築城されたものは角石《すみいし》だけ加工したものを用いたり、築城年代によって多少の技術改革が見られる。しかし石面（表面）より控（奥行き）の方が二〜三倍長いといった石の配置は不変である。

一国一城令の公布で築城ブームが去ると、石積み職人が腕を振るう場はなくなった。リストラされた職人のなかには河川改修工事に手を染めたものもいたようだ。近代に入りコンクリートが石にとって変わると、石は不要、石工（石の工人。この場合、石塔や墓石をつくる石工とは区別する）はさらに不必要となった。石積み職人は自然消滅していったといってもいい。そうしたなかで、ひとり粟田家だけが技術を保存、伝承していた。

「比叡山の修復工事があったおかげです」

と、一四代粟田純司は語る。比叡山を中心にした坂本里坊（老僧が里に下りて余生を送るところ）四〇坊余、堂塔合わせて三〇〇〇坊といわれる。新規築造の需要はなかったが、修理修復工事は細々ながら途絶えることがなかった。穴太衆の原点である比叡山延暦寺、その

＊土圧：地盤内における土による圧力のこと。土と構造物が接する面においては土からの圧力を指す。

補修が結果的に穴太の石積み技術を保存したのである。

石の声を聞き、石の行きたいところへ行かせてやるのや

昭和九年（一九三四）八月、穴太衆一三代を継いだ粟田万喜三は、その年から終戦まで戦地を転々とし、軍曹になって帰還した。しかし敗戦直後の日本で、石積みの仕事は皆無だった。とりあえず復員してきた職人たち五〇人ばかりを「食わさないかん」と、一般土木、とくに建造物をそのまま移動する仕事を再開した。機械力が未開発の時期、建造物の移動は石運びで培った技術が活かせた。

やがて比叡山関係の仕事が少しずつ増えていった。

東京の馬事公苑に優勝者の記念碑を建てる計画が持ち上がったのは、昭和四〇年（一九六五）、東京オリンピックの翌年のことだった。折しも地下鉄工事中に江戸城外濠の石積みが出てきた。これを記念碑に利用したいというので、穴太衆石工、粟田万喜三に修復工事の声がかかった。

碑の完成をＮＨＫテレビが報じ、穴太衆健在が全国に広まった。

昭和四一年（一九六六）、滋賀県は安土城石積みの修復に着手した。現在の穴太衆にとって、安土城は原点ともいうべき存在であり、信長はこの石積みを世に出した大恩人ともいえ

る。琵琶湖に面したこの現場へ、万喜三は長男の純司を伴った。

純司は近畿大学理工学部土木工学科を出て間もないころだった。当時は時勢からみて需要もなく、石積みだけで身過ぎできるかどうかの不安を抱えていた純司だったが、

「石積みは自分個人のものではない。後世に残さねばならんもんや」

という万喜三の剣幕に押されて、しぶしぶ現場へついて行った。

「石の声を聞き、石の行きたいところへ行かせてやるのや」

万喜三はこれが穴太衆の教訓だといい、これを理解しないと穴太衆は継げないといった。

「石が声を出すわけがない」

と純司は反発した。父の仕事に対して、大学出の学問を楯に理屈を並べ立てた。

「理屈ばっかりこねるな。屁理屈いう前に腕を磨け」

万喜三はどこから見ても頑固一徹、職人魂の持ち主だった。

二日かけて石の顔をひとつひとつ脳裏に刻む。そのうえで頭の中で絵を描く

家業に就いて一年余り、自分で積んでみろと父、万喜三にいわれた純司は、自らの考えどおりに高さ一メートルほどの石垣を積み、誇らしげに父に見せた。万喜三はバールを手にすると、いきなりそれを叩き壊した。そして一言、

「これは穴太積みやない」

穴太積みの特徴は、割り石を用いず、天然の石をそのまま使うことにある。石の積み方は、まず角石を置き、少しずつ離して大きい石を次々と並べる。次にその隙間を石で埋め、内部に大量の栗石を詰める。築城の時代が下るに従って、のり面の角がぴちっと通り、優美な反りを出すために、角石だけ切った石を積むなど、技術的には多少の変化が見られるが、基本的には横一列の*布積《ぬのづ》みである。

外観は*乱積《らんづ》みを建前とし、四つ巻、八つ巻、突き石、かさね石、四つ目、抱き石、拝石といった手法はタブーとされている。建物の土台として使われるか、石垣だけか、それによって積み方は異なるが、本来は城の石垣であったから、よじ登ろうとする敵方に足場を与えないことが第一目的であった。そのため穴太流では壁面を合わせるために、*玄翁《げんのう》で石を砕くようなことはせず、出っ張ったまま面を合わせる。自然の趣そのままに、造形美と堅牢さを極めるのが穴太流であり、穴太衆の心意気でもあった。

設計図はない。万喜三は自分が納得するまで自分自身でやらないと気がすまない気質《たち》だったから、石切場から石が運び込まれると、そのまわりを、二日くらいかけてクマのようにぐるぐると歩き回った。そうしながら石の顔をひとつひとつ脳裏に刻み込んだ。そのうえで頭の中に絵を描き、石の配置を考えた。そのとき、石と対話し、石の気持ちを汲み取っていた。

「収まりのつかないやんちゃな石がある。へそ曲がりもいれば、別嬪さんもいる。それぞ

＊布積み：目地（継ぎ目）が横一直線に通るように積み上げる方法。
＊乱積み：さまざまな形の石を不規則に積み上げる方法。
＊玄翁：釘を打ったり、叩いたりするための鉄製の槌。

れの石の個性を尊重して配置するのや。人材の配置と同じや。一方的にこちらの気持ちを押しつけるのやない。石の気持ちをまず理解してかかれ」

と、万喜三は口ぐせのようにいった。そのうえで、石積みに着手する。

石垣の一部がふくれているのを、腹を出しているという。修復の際には、積み方の良し悪しや、栗石が少なくないかとか、腹が出た原因をまず突き止める必要がある。四百数十年近くもむかしの職人の技には、積み方や石を変えた方がよい場合もある。崩壊の原因をさぐるには、修復にあたる石工の腕なり技量といったものが要求されるのだ。修復し、さらに後世に残すためには、偽物でなく本物でなければならない。

重機のない時代、石は半径五キロ以内の石山から切り出していた。搬送には修羅《しゅら》*が用いられた。高所へは、直径一〇センチの麻のロープで縛った石を、みつまた*に取り付けた滑車で引き上げた。「頭」以下五～六人が一チームとなり、すべてが人力だった。

昭和四五年（一九七〇）、篠山城修復の際、みつまたを設置し、五メートルの高さで滑車を取付け作業中に、線棒（丸太のこと）がはずれた。線棒から手を離せば、万喜三は地面に叩きつけられる。そのとき彼の脳裏をかすめたのは、「これで人生終わりかな。いやいや、おれにはまだ納得のいく石積みができていない。いま、ここで死ぬわけにはいかない」という仕事への執着心だった。とっさの判断で彼は線棒にしがみつき、ぶらさがるようにして滑りおりて、事なきを得た。

＊修羅：石などの重い物を乗せて運ぶそり状の運搬具。
＊みつまた：石材などを吊り下げて現場内で移動するための三脚状の道具。

万喜三の酒量は朝一合、晩酌に四合、昼は弁当といっしょに水筒に一杯。昭和四五年（一九七〇）、和田山竹田城修復時には、南千畳に建てた仮設宿舎で四カ月ばかり自炊した。作業が終わると部下たちと車座になって酌み交わす酒の席に、いつの間にか一匹の野生のタヌキが加わった。最初は警戒して近づこうとしなかったが、万喜三は仲間のような親しみを込めてえさを投げ与えた。石積みが終わるころには手を伸ばせばとどく距離まで近づくようになった。仕事の面では鬼といわれるほど厳しい万喜三が、野生のタヌキと心を通わせている、そんな風景だった。

やがて重機が導入された。ノルマのうえでは重宝だった一方で、次第に重機に追われる、つまり重機代をあげるために人間の

竹田城跡の石垣（朝来市）

方が無理を強いられるという事態を招いた。例えば、体調が万全でないのに無理をして仕事をする石工の耳には、石の声が届かないのである。石の気持ちを汲み取るゆとりが失われるのである。その結果は悔いだけを残すこととなる。

最後まで自分の仕事に満点をつけることはなかった

昭和四八年（一九七三）、滋賀県は石積みだけが残っている安土城の三の丸、米倉、弾薬庫の修復を穴太衆に依頼した。

「一四～一五年かかりました。わたしは安土で穴太衆の仕事をおぼえたのです。先代に反抗せず、ついて行ってよかったと、いまとなって思います」

純司は述懐する。父、万喜三のそばで技術を盗みながら成長していく息子の作品を、最初のうちは「四〇点」と低い評価しかしなかったが、バールで叩き壊すことはなくなった。

「せめて七〇点を取らんとあかんぞ」

安土城をはじめとし、彦根城、竹田城、篠山城、和歌山城……、その補修を万喜三は次々に手がけた。穴太衆石積み空白の時代を埋めようとするかのように、石の城壁という近世に起こった日本の文化を後世に残すために、穴太衆石積みの技術を次代に伝承するために、そして穴太衆の健在を世に広めるために、万喜三は苦労をいとわなかった。しかし、

「だれが見ても非のうちどころがないという石垣が積めたら、わしはいつ死んでもええ」

と、最後まで自分の仕事に満点をつけることはなかった。

建設中の大津市歴史博物館の石積みが万喜三の最後の仕事となった。病院を抜け出し、現場に厳しい目を光らしてから一〇日目、平成二年（一九九〇）九月一一日、七八歳で没した。

一〇〇パーセント完璧なものを死ぬまで追求する職人魂は、一四代石匠を継いでいる純司氏にも受け継がれている。

純司の長男、純徳は中学を卒業した春休み、祖父である万喜三について初めて遠方にある現場へ行った。そしてそのまま、高校へ進学することなく家業の石積みに就いた。

「石の声を聞け」

万喜三は孫にも穴太衆の訓えを吹き込んだ。

「石というより、ぼくにはおじいちゃんの声が聞こえる」

純徳はいう。石と顔を合わせ、そこから尊敬していた祖父の声を聞き、石の気持ちを汲み取る。純徳は着実に穴太衆石匠の後継者としての実力をつけている。

仁杉 巖

（にすぎ いわお・一九一五〜二〇一五年）

新幹線を走らせたコンクリート技術

「四十年以上もの長いあいだ、
鉄道で飯を食ってきていながら、
国鉄が困難に直面しているときに
逃げ出すわけにはいかない」

新幹線生みの親といわれる技術者の名は何人かあげることができる。新幹線を走らせるには、車体をはじめ、振動制御や安全装置の技術が求められることはいうまでもない。だが、時速二〇〇キロ以上を出す列車の走行を可能にする軌道の敷設は、欠くことのできない重要な要素である。そして、それが土木技術者の仕事なのである。そして……、それは、現代における万里の長城の築造にも匹敵する、男子一生の仕事にふさわしい事業なのである。

第一〇代国鉄総裁をつとめた土木技術者仁杉巖が、自分なりに一生でいちばん大きな仕事をしたと自負しているのが、コンクリート技術のレベルアップである。終戦直後、日本のコンクリート技術の水準は、欧米のそれとは比べようがないほど低く、標準示方書《しほうしょ》*は昭和初期につくられたものしかなかった。土木学会が新しいコンクリート標準示方書の原案を作成するにあたって、仁杉は審議に心血を注ぎ、わが国コンクリート技術水準の向上を目指した。

将来はPSコンクリートを軌道のマクラギに使いたい

仁杉巖は大正四年（一九一五）五月七日、建築請負業を営んでいた仁杉定吉の長男として、東京牛込に生まれた。江戸川小学校時代はヤンチャ坊主のガキ大将だったが、府立四中では当時の風潮であった全体主義に反撥した。そうした校風に馴染むことのできない生来のリベラリストだった。

＊標準示方書：技術基準。

中学四年を修了し、父の故郷であり、自身も幼年期を過ごした静岡高等学校へ進学、万里の長城に匹敵するようなものをつくってみたい、という少年のような夢の達成を求めて、東京大学工学部土木工学科に入学した。

昭和一三年（一九三八）、鉄道省に入省。以後六〇年になんなんとする鉄道屋人生のスタートを切ったが、翌一四年（一九三九）一月から兵役に就き鉄道連隊に入隊、ハルピン駐留中には自ら設計したスチールブリッジを松花江に架橋した。

「この橋はいまでもちゃんと満州にあるんですよ。オリジンは満鉄のひとだけど、設計はぼくがした。たとえ見に行くことはできなくても、あの橋はぼくがつくったといいきれる。土木屋冥利につきるねえ」

昭和一八年（一九四三）、召集解除となり、鉄道技術研究所に所属して、「一生でいちばん大きな仕事をした」と自負するＰＳコンクリートの研究に打ち込んだ。

ＰＳコンクリート（またはＰＣ）はプレストレス・コンクリートの略称で、あらかじめ鉄筋を引っ張って延ばしておいたところにコンクリートを流し込む、またはあとから鉄筋を入れて両側から引っ張るもので、それによって本来押す力は強いが、引っ張る力には弱いとされていたコンクリートの強度を大きくするものである。

橋桁やマクラギには、もともと木やコンクリートが用いられていたが、強度が求められるところから、日本では昭和三五年（一九六〇）ごろには鉄筋コンクリートが使われていた。

しかし、鉄筋は温度の関係で鉄が伸びると、コンクリートにひびが入るという欠点があった。

欧米では鉄筋より細いピアノ線を用いることで、経済的で、なおかつ強度的にもすぐれたプレストレス・コンクリートが早くから開発され、第二次世界大戦中に技術はさらに発達していた。コンクリートを打つ際に、まずピアノ線を引っ張ったところにコンクリートを流し込み、固まってから外すことで、ひび割れを防止するわけである。

日本ではPSコンクリートの概念すらなかった戦時中に、この技術に関心を持ち、外国の文献を読んで研究していたのは、コンクリートの専門家であり、鉄道技術研究所顧問でもあった吉田徳次郎東大教授ただひとりだった（コンクリートの神さまと呼ばれていた）。鉄筋コンクリートの欠点を改めるには、PCしかないと、吉田教授は考えていた。仁杉が田中豊鉄道技術研所長を通じて、吉田教授からPCの研究を命じられたのは、満州から帰還したばかりのときだった。

仁杉はピアノ線を使ってのPSコンクリートの優秀性を実証するために、たくさんの実験を行った。何本も渡したピアノ線は、両方からつかみ装置を用いて同じ強度で引っ張らねばならない。ところが最初のうちは、コンクリートを打ったあと、ピアノ線がすべって中に入り込んでしまったり、つかみ装置の具合がわるかったりで、思いどおりにいかなかった。ピアノ線に塩酸を塗ってさびを出すことですべり止めを講じたり、機械屋に装置の改善を求めたりした。戦時中に始めた実験や、それに伴う研究は、戦後は比較的順調に進んだ。

鉄筋コンクリートとPCは兄弟のような関係にありながら、PCは鉄筋コンクリートよりはるかに優秀な構造材料であり、普通の荷重状態では亀裂が生じることがない。コンクリートや鋼材にそれまで使っていたものより強い材料を使うことにより、安価に鉄に負けない大きな構造物ができるとの自信に、仁杉は到達したのだった。

ようやく基礎研究を終え、この研究により工学博士の学位を取得したのは昭和二五年（一九五〇）、研究開始から六年目のことだった。

「論文はいい加減なものじゃありませんよ。吉田先生の審査を通ったのだから」

昭和二七年（一九五二）、滋賀県の信楽鉄道に自ら設計・施工した橋桁延長三〇メートルのPSコンクリート製鉄道橋を架けた。わが国最初のPC橋だ。コンクリート製橋梁はその重さ故に、一二メートルくらいが限度といわれていたが、その常識を破ることに成功した。

「スクェアセンチ（一センチ×一センチにかけるストレスの大きさ）七〇〇キログラムのものだったんだけど、吉田先生が最終的に目指しているのはスクェアセンチ一〇〇〇キログラムの強度だったのです。いまでは技術が向上して、二〇〇メートルを超える橋がPSコンクリートでつくられるようになった。わたしにとっても、たいへん嬉しいことですねえ」

この年、国鉄が派遣した五人のヨーロッパ留学生の一人に選ばれた仁杉は、主としてイギリスでPSコンクリートを学んだ。ヨーロッパではすでにPSコンクリートがマクラギに使われており、保線の仕方も日本より数段進んでいるのを目の当たりにしたのだった。

幻に終わった弾丸列車構想

「ぼくは島さんのところに丁稚奉公したんだよ」

冗談とも本気ともつかない口調で仁杉は述懐する。昭和三〇年（一九五五）五月、十河信二が第四代国鉄総裁に就任した。技師長には島秀雄が就いた。仁杉は国鉄本社技師として、島技師長秘書のような役回りにあった。この時期、十河、島コンビが推進していたのが東海道新幹線構想だった。

新幹線を述べるには、明治一九年（一八八六）の広軌改築論にさかのぼらねばならないというのが、仁杉の持論である。新橋〜横浜間鉄道敷設からわずか一四年目に、陸軍参謀本部で鉄道の広軌必要論が提起され、政治家が加わって広軌改築の決議案が衆議院で取りあげられた。しかし、陸軍が外国の鉄道事情を調査した結果、広軌改築よりも鉄道網拡充が先決ということになり、広軌改築論は腰砕けとなった。

明治四一年（一九〇八）には鉄道院初代総裁の後藤新平が広軌改築政策を推進した。だが狭軌（軌間一〇六七ミリ）派の政友会と広軌（軌間一四三五ミリ）を主張する憲政会の政権交代のたびに方針が変わり、結論が出ないまま大正一二年（一九二三）の関東大震災に遭遇、その復興が先決となり、広軌改築論は沙汰やみとなった。

昭和一三年（一九三八）、支那事変が起こり、戦争の拡大に伴って、軍部は東京から下関を経て、朝鮮海峡をトンネル通過し、北京まで鉄道をつなぐ、いわゆる弾丸列車構想を打ちあげた。これに伴い鉄道省（のちの国鉄）では鉄道幹線調査会を設けて検討した結果、将来的に輸送量が大きくなることを見越して全線別線、線路の軌間は一・四三五メートルとする、という一項が組み込まれた。広軌である。この時点で動力を蒸気とするか電力とするかについての最終決定はされていなかったが、目標は東京〜大阪四時間半、東京〜下関九時間運転であった。

昭和一五年（一九四〇）には議会で建設予算が承認され、広軌新幹線が本格的な第一歩を踏み出した。この計画に沿って、工程上の隘路となる新丹那トンネルや日本坂トンネルなどが着工され、線路の決まった箇所では用地買収も行われた。

だが、弾丸列車構想が完結することはなかった。太平洋戦争の激化に伴い、昭和一九年（一九四四）には工事が中止された。広軌新幹線は幻の弾丸列車となったのである。

鉄道斜陽の時代に実現した少年のころ抱いた夢

終戦から一〇年、その間国鉄は戦災のため荒廃した車両や施設の復旧に追われながら、戦後日本の復興の要請に応え、旅客、貨物の輸送に役職員一同が歯を食いしばって努力していた。だが資金や資材の不足は覆《おお》いがたく、大規模な設備投資を行うことは不可能であった。しかし東海道線が通勤や貨物の輸送量の増大で、限界にきていることは事実だった。問題解決策として狭軌線増案や、トンネル、橋梁はそのままにして線路のみ三線か四線に増やす案、そして広軌別線案が検討された。

戦前、満鉄経営にあたった経験のある十河信二国鉄総裁は、頑《かたく》なな広軌論者だった。鉄道の近代化には広軌別線しかないという信念のもとに、それを実現すべく「レールを枕に討死を覚悟」で総裁の任に就いた。

新幹線プロジェクト発足当時、「新幹線とはどうあるべきものか」を頭の中に完璧に描けているのは、島技師長ただ一人であったと仁杉は述懐する。技師長室勤務となった仁杉は、島のところに「丁稚奉公」したことで、島がどのような考えで東海道新幹線を組み立てていったかを細かく知ることができた。

その基本原則は、現在使われていて自信のある技術の最新のものを組み合わせ、世界一の鉄道（時速二〇〇キロ以上という画期的速度の列車を走らせる）をつくりあげるということであった。将来、新しい技術が開発されれば、そのときにそれらの技術を取り入れて、より新しい新幹線をつくればよい。新幹線発足の時点で、必ずしも信頼できない技術を無理して取り入れることはない。この考え方は、商品開発などとはちがい、膨大な投資であり、大量輸送、しかも高速で走る新幹線では、将来の技術の発展を見据えながらも、安全の上にも安全を重視すべきだという考え方が基本にあり、この考え方があったからこそ、今日まで運転にからむ死者なしの記録をつづけているのだと、仁杉はいまにして思う。

新幹線では二〇メートルのレールを溶接でつなぎ合わせた二キロメートルのロングレールが使われているが、線路敷設にあたっては、新幹線軌道がどうすれば保つかということが、土木技術者に与えられた課題であった。

初めての経験といえるロングレールとの関係や補修が追いつくかどうかなどについて、技術者たちは研究を重ね、テストを繰り返した。何百トンという重量の列車が、時速二〇〇キロで通過する軌道が、保つか保たないか、がキーポイントだ。フランスでは広軌で時速三〇〇キロ列車を試験走行したところ、通過後線路も架線もずたずたに引きちぎれたという経験がある。結論として、PSコンクリートマクラギは重量の列車通行に耐え、そのうえほとんど交換の必要なし、として高いハードルを飛び越えることができたのだった。

少年のころ「土木技術者になって、万里の長城のようなものをつくりたい」と夢を抱いた仁杉にとって、その研究に青春を注ぎ込んだPSコンクリートが、新幹線長尺レールを支えるマクラギに使用されたことで、ほとんど夢が達成されたといっていいだろう。

「PSコンクリートのマクラギは、最初に敷設したまま一度も交換してませんよ。きちんと保線をしていれば、永久に大丈夫です」

昭和三四年（一九五九）一二月、新幹線名古屋工事局長、昭和三七年（一九六二）一〇月

からは東京幹線工事局長として現場で采配を振るった。その手で万里の長城に匹敵する新幹線軌道を建設したのである。

この時期、鉄道は斜陽の季節のなかにあった。飛行機が飛び、高速道路に車が走る時代に、もはや鉄道の生き残る道はないと考える風潮が世間にはあった。そのようなときに莫大な費用を投じて建設しようとする新幹線に対して、「世界の三馬鹿、万里の長城、戦艦大和、新幹線」と揶揄されていたのは、仁杉にとっては皮肉なことであったが……。

自らの身をもって「改革」を実現した最後の国鉄総裁

昭和三九年（一九六四）、国鉄技術陣が技を尽くした東海道新幹線は完成、一〇月一日午前六時、東海道新幹線「ひかり」号は東京駅と新大阪駅を同時に出発した。この日国鉄で催された新幹線開業式典には天皇、皇后両陛下がご臨席になった。

新幹線開通の翌年、国鉄常務理事となった仁杉は、昭和四三年（一九六八）にその職を退き、国鉄を退職した。そして西武鉄道の堤義明社長の強い要請を受けて同鉄道に入社したのだが、昭和五四年（一九七九）一〇月には鉄道建設公団総裁となり、同五八年（一九八三）、国鉄総裁に就任した。

この時期、赤字問題と労使問題が重なり、国鉄は大きく揺れていた。加えて当時の内閣は行政改革の大きな柱として、国鉄改革を打ち出していた。鉄道建設公団総裁も国鉄総裁も、困難に直面したときにかぎって（だれも引き受け手がなくて）、自分が押しつけられるはめになる……、と思わないではない。だが、これも宿命だと仁杉は考えた。

「四〇年以上もの長いあいだ、鉄道で飯を食ってきていながら、国鉄が困難に直面しているときに逃げ出すわけにはいかない」

鉄道技師として、幾多の困難に直面してきた。とくに東海道新幹線建設中はルート決定に絡む土地買収で辛酸をなめつくした。技術面でも列車の荷重をストレートに受ける軌道の安全確認や、幹線道路上の股線橋*の架設法など、計り知れ

新幹線上野駅開業。仁杉巖国鉄総裁（左から2人目）らのテープカットとくす玉が割れる中を出発する盛岡行1番列車「やまびこ31号」。（共同通信社）

＊股線橋：道路や鉄道をまたぐように架けられた橋である架道橋を指すと考えられる。線路をまたぐ橋を跨線橋、道路をまたぐ橋を跨道橋ともいう。

ない苦労を伴う任務を遂行してきた。それらをひとつひとつクリアすることができたのは、土木技術者としての心と誇りであったといえる。

国鉄総裁を押しつけられる格好で承諾したときも、仁杉の心の中に、それと同じ心と誇りが大きな部分を占めたのだろう。

基本的に、国鉄は大きすぎる、と仁杉は考えていた。職員数三〇万人、そのうえ北は北海道から南は鹿児島まで、一人の総裁では掌握できるはずがない。しかもこの時期、労働組合は労使対立だけでなく、労労対立もはげしく、当局のいうことに耳を貸そうともしなかった。こうした問題を解決するには分割する以外にない。ただし、民営にするか、しないかは別問題だ。それにしても国鉄幹部と政治の世界の結びつきは緊密すぎる、というのが仁杉の国鉄総裁就任にあたっての印象だった。

このままで国鉄の国体護持論派の主張をつづけていたら、政府の救済による国鉄の再建は軌道にのせることはできないと考えた仁杉は、国鉄爆破のシナリオをつくり、自らそれに殉じることで、国鉄改革を遂げたのであった。昭和六〇年（一九八五）三月三一日、日本国有鉄道は百有余年の歴史に終止符をうち、分割・民営化された。

事にあたって全力を尽くしたら、あとは神に祈るのみ――。生来の楽天主義者、仁杉巖は任期を二年半残して国鉄総裁の座を降りた。深刻に悩んだすえの選択をしたあとは、これでよかったとすがすがしい気分に包まれたのだった。

仁杉の辞書には「老い」ということばがないように見える。たっぷりとした黒髪、艶々した顔色、凛々とした声、明晰な頭脳、判断力、記憶力。「怪物」と表現したひともいる。おそらく、とても敵わないという憧憬や畏怖を込めたものだろう。

「人、生まれて学ばざれば生まれざると同じ。学んで道を知らざれば学ばざると同じ。知って行うこと能わざるは知らざると同じ」貝原益軒のことばを信奉している。齢八十半ばにして、培ってきた技術力には一点の翳《かげ》りもない。定期的に後輩や新進の技術者を集め、現役の指導者としてきびしい目を光らす「仁杉学校」の校長だ。その眼光はまだまだおとろえそうにない。

星野　幸平

（ほしの　こうへい・一九二九〜二〇〇一年）

現場を指揮するトビのなかのトビ

「常に良心的な仕事をしているから、
自分の架けた橋には自信がある。
おれは日本一の橋架け屋を自負してるよ。
そう思わなくちゃいけないんだ。
おれは橋架けにロマンを求めてきたんだ。
夢ってのは追いかけなきゃいけないって、
おれは思うよ」

平成七年（一九九五）冬、世界一を誇る長大橋、明石海峡大橋は寒風が吹きすさぶ海上に、桁を延ばしつつあった。その架設現場では二組の橋梁特殊工（橋架けトビ）が機敏に作業をしていた。一方の組が架設順序に従って部材をクレーンでおろす（これを玉掛けという）と、もう一方の組が桁を組み立てていく。玉掛けの指揮をとるのが星野幸平親方だった。一切の贅肉を殺ぎ落とした引き締まった体つき、鋭い目配り、無駄のない身のこなし……。トビの五感は常に研ぎ澄まされていることを、実感として受け止める。

トビと呼ばれる職人が一〇〇人いるとすれば、ほんとのトビは一〇人、あとはカラスかスズメにすぎないといわれている世界。だが一〇〇人のトビのなかに一人だけタカがいる。星野親方はそのタカだという定評がある。トビ職人生五〇年、一〇〇に余る橋を架けたほか、電波鉄塔やドームの建方《たてかた》に携わり、職人として初めて土木学会技術功労賞（平成九年（一九九七）度）を受賞した。

朝早くから夜遅くまで働いても、楽しくてしょうがない

星野幸平は昭和四年（一九二九）四月二三日、瓦職人であった美智《よしとも》、タイの次男として新潟県狩羽村に生まれた。地元の高等小学校を卒業後、山口県の海軍防府通信学校に入り、鳥取にあった海軍基地勤務中に終戦を迎えた。

昭和二六年（一九五一）、立川のアメリカ軍モータープールに就職し、パンク修理やトラックの運転手として働いたが、毎日の単純作業に飽きていたころ、友人から「トビにならないか」と誘われ、トビ職の松枝新二郎親方に弟子入りした。

最初に架けたのが鶴見橋。渡る立場から、初めて架ける立場となったわけだが、性に合っていたのか、朝は暗いうちから夜は暗くなるまで働いても、仕事が楽しくてしようがなかった。安全帽、安全バンドといったものはまだなく、ねじり鉢巻にニッカポッカ、トビとしての基本的な身のこなしを会得していないから、親方からは叱られてばかりいた。

叱られ叱られて安全第一を徹底的にたたき込まれた。

次に北海道旭川の旭橋、つづいて群馬大橋。

「むかしは橋が小さかったから、一カ月から三カ月で終わり、次の現場へ行ったんですよ」

星野は事もなげにいう。

「たくさんの橋のなかで、いまも思い出に残るのは、昭和三三年（一九五八）、故郷の来迎寺の越後橋ですね。鉄道橋の真ん中を切り開いて、拡幅して道路橋にしたんです。あんときゃあ、おれの仕事ぶりを両親が揃って見にきてくれた。うれしかったね」

経験とカンでコンピューターがやる計算を頭の中で

昭和二八〜三〇年（一九五三〜一九五五）にかけて、長崎県伊の浦に西海橋を架けた。近代的長大橋との最初の出会いだった。

「あんときゃ、行ったその日に泳がされちゃった。クレーンで吊ったゴンドラ（材料の運搬に用いられる約二メートル四方のボックス型のもの）に乗って海上を移動中、ワイヤーがゆるんで、五〇メートルの高さからボックスごと海に落ちたんですよ。名にしおう伊の浦の瀬戸ですからね。下見りゃ渦が巻いてるんだ。けど、おれたちトビは決してけがなんかしないね。ボックスのへりに乗って、途中で海に飛び込んだ。ボックスごと海に落ちたんじゃ、助からない」

親方からたたき込まれた安全第一が身についてきた。

「しかし、あのころは給料も安かったね。一日働いて、六五〇円の地下足袋一足買えなかった。日給制だったし、雨の日は仕事がないし。おれたちトビは捨て方って呼ばれてたんですよ。けがと弁当は自分持ち。労災もへちまもなかったから、少々のけがなら休まない。けがが多いと、おまえ、けがばかりしてるから、もうこなくていいって、捨てられたの。だから捨て方」

西海橋のあと、三越本店改築工事に携わった。このとき初めて五人ほど職人を付けてもらって棒芯《ぼうしん》になった。世話役というくらいの地位で、語源は海軍用語のボースンらしい。タワークレーンがなかった時代、鉄骨を組むにはまず床を張り、吊り上げたクレーンを組み立てては、順次上へ上がっていく工法だったたから、棒芯の段取りや判断に頼るところが多かった。

「数字はわからんが、経験とカンですね。いまならコンピューターがやる分を、棒芯の頭の中でやったんです。技術者の計算のうえではOKと出ても、トビが首をひねったら、大抵の場合バランスが悪かったりして構造物が保たないのです。トビの経験とカンのほうが結果的にすぐれていることがありますね」

「落としゃしませんよ」。笛と手旗で現場を動かし、橋を架ける

トビ職人が各自に「出世橋」と称している橋がある。いわば橋架けトビにとっての登竜門、この世界でようやく一人前の力をつけたと認められる技術の証とでもいおうか。

また、トビはふたつ名、渾名がついて一人前ともいわれている。星野幸平のふたつ名は「アブちゃん」。どこからこの渾名がついたのかは、本人もよくわからないというが、仲間うちではこの方が通りがいい。

星野にとっての出世橋は北九州の洞海湾《どうかい》に架けられた若戸大橋だ。昭和三〇年（一九五五）

代後半、無線も携帯もなかったから、架設現場の指揮は棒芯の手旗と笛で行われた。

「朝日のなか、わが国近代的吊橋第一号の桁設置の瞬間を撮ろうと、カメラの放列です。そこでアブちゃんが旗と笛で指揮をとったのです。歯切れのいい身のこなしでねえ。現場の花形ですよ。カッコいいなあ。おれも早くあのようになりたいって、あこがれましたよ。息詰まるような緊張のなかで、安全面に一〇〇パーセントの目配りができてこそ、ほんとの親方なんです」

当時若い衆として現場にいた後輩の弁に実感がこもる。

段取り八分という。段取りがきちんとできていれば、実際の架設作業は残り二分の仕事。それでも、明日は大一番、という夜は、架設のときに風がなきゃいいが……とか、いろんなことを考えると目が冴えて、なかなか眠れない。閉合《へいごう》(両側から延ばしてきた桁が真ん中でつながること)の前日には今夜中に桁が落ちはしないかと妄想に取りつかれることもあったらしい。橋梁架設関係者が完成にいたるまでの気苦労ははかり知れないものがあろうが、現場にあっていちばん気を遣っているのは、実際に自分の手で橋を架けているトビ職かもしれない。だが、星野はさりげなくいった。

「落としゃしませんよ」

星野のひとことには自信に裏づけされた千金の重みがあった。

周到な計画を立て、「不思議なくらい上手」に指揮をとる

　長崎県上対馬町でオメガ空中線用鉄塔*（通称オメガ塔）を建てたのは昭和四九年（一九七四）だった。高さ四五五メートル、東京タワーより一〇〇メートル以上高い。日本一高いところで仕事をしていることが誇らしかった。オメガ鉄塔は世界に八本あり、このうち三局から発信される電波の到達時間差などを利用して自船の位置を知ることができる。

　鋼構造とセラミック（碍子《がいし》）との複合構造物であるため、その取扱いには細心の注意が必要だった。曲がりくねった運搬路を巻上げのワイヤーロープや金車を使って搬送する、オメガ用に開発された高価な碍子を空中線に取り付ける、最頂部

当時、東京タワーを抜き日本一の高さとなったオメガ電波塔。（共同通信社）

*オメガ空中線用鉄塔：船舶や航空機で用いられたオメガ航法用電波を発信するための電波塔。世界に８つのオメガ局が配置され、日本では対馬オメガ局送信用鉄塔が建設されたが、衛星系であるGPSの普及により1988年に役割を終えた。

鋼管の建上げなど、緊張を伴う高度な技術が要求された。

「ちょっとしたミスでいのちを失いかねない高所作業で、星野親方は作業所長の指示に従い、常に用意周到な計画を立て、作業中はいつも目配り、気配りをしながら、高所や直接目の届かない谷間の作業員を、不思議なくらい上手に動かしていた」

作業に立ち会った海上保安庁灯台部電波標識課の職員の目には、星野の指揮振りが「不思議なくらい上手」に映ったのだった。

衛星通信技術の進歩とともにオメガ鉄塔は役目を終え、設置から二三年後の平成一〇年（一九九八）に撤去解体されたが、星野はその作業にも携わった。齢七〇を数え、もはや鉄塔の上に登ることはなかったが、星野が伝承してきた技術を、現場が要求したのである。

発注者も元請も口を揃えていう。「アブちゃんはトビのなかのトビだ」

京都から舞鶴を結ぶ山陰本線のうち、嵯峨～馬堀間の複線電化工事が行われたのは昭和五〇年（一九七五）代半ばのことだった。風光明媚の保津峡に沿ってはげしく蛇行していた区間が、六本のトンネルと五つの橋を含む別線でショートカットされた。保津五橋のうちの二橋を担当したのが星野だった。

保津峡をはさんだ両岸に高さ三〇メートルばかりの鉄塔が建ち、その先端から斜めに張られたワイヤーロープが順番につながれていったアーチ型の桁部材を吊っている。両鉄塔を結ぶケーブルクレーンから吊りおろされる中央部の桁を取り付ければ、橋が閉合するという山場。

星野は作業台に立ち、それぞれの位置に配置された一一人の若いトビに鋭く目配りをした。桁をつなぐ空間には五〇ミリのゆとりがあるとはいうものの、一〇トンを超える桁は揺れやすい数本のワイヤーロープで支えられているに過ぎない。わずかな揺れでも部材同士がぶつかるおそれがあり、それによって桁の鉄板がゆがんだりすると、ボルトを締めることができなくなる。

慎重に、正確に、桁を取り付けるには一一人のトビの心を一つにして作業を進めねばならない。見通しの利かない位置に立つトビもいる。ひとつ間違えば大事故につながらないとも限らない。現場に緊張が走る瞬間だ。

「いいか!　いくぞ!」

ヘッドホーンマイクを通して星野の指揮が伝えられる。

「右、ちょいスラー、ちょいスラー、左、ゴーヘー」

スラーはスローダウン（ゆっくり下げろ）、ゴーヘーはゴーアヘッド（上げろ）がなまったトビ用語だ。

長年にわたる経験と、そこからくる自信を伴った決断、そして磨きぬかれたカンと持ち前のセンス。

保津川下りの最終船の通過を待って始まった作業だった。やがて夕闇が迫り、まばゆいばかりの照明に吊り下げた桁が浮かびあがった。三台のウインチ*の張力、塔から斜吊りのワイヤーロープの調整……、きめこまかい指示が飛ぶ。

鉄の温度膨張の差でボルト穴が合わない。直射日光があたっていた部分に水がかけられる。それから穴に仮の鉄の棒を打ち込む軽快な音が渓谷に木魂し、アーチは完成した。

トビたちによる一連の作業、それを指揮した星野幸平親方……。

発注者であるＪＲ西日本の技術者と、元請の技術者たちは固唾をのんで見守った。トンネルとトンネルのあいだ、わずか二〇〇メートル余りの渓谷にアーチ橋の桁が架かり、ひとつの山場を越えた安堵感にひたったとき、技術者らをしていわしめたのだった。

「トビがいなければ、橋は架からない。アブちゃんは、トビのなかのトビだ！」

北海道から九州まで「魂を入れて」橋を架ける

「そりゃあ、若いころは酒飲んで、土地の者とけんかもしましたよ。けど、いくら酒飲んでも、眠る間がわずかしかなくっても、仕事はきちんとやった！」

飲めばだんだん威勢のいい巻き舌になってくる。刻まれたしわの一本一本に、トビの心意

＊ウインチ：重い物を持ち上げる際に使う機械。巻上げ機。

気がしのばれ、やくざな物言いをしても、相手の心をとろかすような温かい人間味が伝わってくる。

明石海峡大橋を架けた思い出は星野の記憶にも新しい。架橋場所は潮の流れが速く、風が強かった。完成した時点での風の計算は設計の段階でしているが、架設途中の風力の計算まではされていない。現場関係者の判断で作業が行われる。地組み*ヤードで仮組みし、解体したうえで台船で運ばれてくる部材を荷揚げするのだが、風が強いと船が大揺れし、荷を傷つけないよう、人間にぶつからないようにと気を遣うことの多い作業だ。したがって、イメージどおりに若い者が仕事をしないときの星野の怒り方は半端なものではなかった。その代わり、すべての責任は彼自身がとった。

開通式にトビが招かれることなど、めったにない。開通式が行われるころ、トビは次の現場で別の橋を架けているものだ。トビは黒子に徹してりゃいいと思っていたのに、明石海峡大橋の開通式には功労者の一人に選ばれ、公団総裁や地元代議士らと席を並べて、晴れがましい思いをした。

「北海道から九州まで、橋架けましたよ。九州がいちばん多くて、人生の半分を九州で暮らしたことになるけど、若戸大橋、天草二号、一号、九州五ヶ瀬川県道のバイパスで山の頂上をつないだ青雲橋、新槇峰橋、千支大橋……、それに浜名湖大橋、瀬戸大橋……、有名な橋のほとんどを架けさせてもらって、おれは日のあたる場所ばかり歩いてきたんだと思いま

＊地組み：小屋組みや骨組みを地上の平らな場所で仮組みすること。

すよ。橋を架けることが生き甲斐だった。

若いころは、横河工事の会長だった池田肇さんが現場の所長をしていてね、仕事のあと、技術者や職人の棒芯クラスを全部残して、二時間くらい講義をするんです。ずいぶん勉強しましたよ。『橋は工場で組み立てて、現場で架設するものだが、ぼくたち橋架け屋は橋にいのちを与え、魂を入れているんだ』とよく聞かされた。そのとおりだと思いますよ。

うちの若いものだって、みんな橋架けの仕事に誇りを持って、ビビったところなどみじんもない。仕事ごまかしたら、橋落っこっちゃうからね。それに、おれの現場はきちんと整頓されていて、番線*屑一本落ちてないよ。ほんとに。おれは若いものを褒めてやりたいと思ってるよ」

技術を現場で駆使するのは人間なのだ。いつの場合にも、問われるのは人間性なのである。

「常に良心的な仕事をしているから、自分の架けた橋には自信がある。おれは日本一の橋架け屋を自負してるよ。そう思わなくちゃいけないんだ。おれは橋架けにロマンを求めてきたんだ。夢ってのは追いかけなきゃいけないって、おれは思うよ」

タカのような目が和んでいた。

平成一三年（二〇〇一）一一月一四日、星野幸平はベイブリッジ下層桁架設中の現場で、はげしい吐血を伴って倒れた。そして一九日後の一二月五日、不帰の客となった。七二歳だっ

＊番線：資材の結束や固定に使う鉄線。太さを番号で表す。

た。告別式には数えられないほど多くの「星野学校」の弟子たちが参列し、親方の卒然とした旅立ちにがっくりと肩を落としたが、どこかで大往生と受けとめているようでもあった。それはあたかも、役者が舞台で斃《たお》れるのを本望とするごとく、七二歳まで現役を通した橋架けトビの、見事な最後であったのだ。

「天国へ向かって、アブちゃんゴーへー!」

笹島 信義

（ささじま のぶよし・一九一七〜二〇一七年）

男たちの命をかけた黒部ダム

「五六年、トンネル屋をやってきて、
あれがいちばん危険な仕事だった。
しかし、あれほど嫌いだったトンネルが、
破砕帯突破を境に、大好きになった。
あれ以来ダイナマイトの匂いを嗅ぐと、
体がしゃきっとして年齢を忘れるほどだね」

昭和四三年（一九六八）に上映された『黒部の太陽』は、関西電力が建設した黒部川第四発電所大町トンネル建設現場で、破砕帯に挑んだ男たちのドラマだった。掘削距離の月進日本新記録を出した直後に遭遇した破砕帯。怒濤の勢いで坑内を流れる大量の水。破砕帯の長さはおよそ八〇メートル。これを突破しなければ、黒四ダムの建設はあり得ない。自然の力に屈するか、それともほとんど不可能に近い難関に挑むか、の極限に直面し、見事に自然を征服したとき、現場最前線で仕事をした男たちは、一つの信念を体得した。

「偶然が重なると、必然になる」

この映画は、「あれだけのことが、人間の力でできるのだ！」と感動を呼んだ。とくに石原裕次郎が演じたトンネル屋の姿に刺激を受け、あこがれにも似た思いを抱いて土木を志向した若者も多かった。裕次郎のモデルとなったのが、トンネル人生五六年の笹島信義である。

人望があって人集めがうまい男

笹島信義は大正六年（一九一七）一〇月一〇日、富山県下新川入善町に弥與、つやの五人姉弟の末っ子として生まれた。弥與は農業の傍ら河川の治水工事を請け負う土建業も営んでいたが、建築業に手を出したのがもとで事業に失敗、田畑のすべてを人手に渡すハメとなった挙句、笹島が一八歳のときに世を去った。笹島は「決して土建業に手を出すな」と母親や親戚からいい渡された。彼自身、土木には興味があった。しかしカンテラぶらさげた泥だらけの顔の坑夫を思い浮かべるだけで、トンネルには嫌悪感を持っていたから、周囲からいわれるまでもなくトンネル屋になる気はまったくなかった。

昭和一三年（一九三八）応召、北支で戦闘中に頸部貫通銃創を負い、奇跡的に一命を取り留めたが、傷病兵として故郷へ送還された。耕地面積が極端に少ない富山県は、技術を身につけた男たちによる労働力（出稼ぎ）の供給地であった。故郷で静養していた笹島にとって、同じような境遇にあった同郷の男たちは、年齢差にこだわらない在郷軍人仲間だった。

笹島が終世「恩師」と呼ぶことになる田中利一と初めて出会ったのは昭和一九年（一九四四）一〇月のことだった。田中は熊谷組下請三羽ガラスの一人といわれている下請業者だった。猪苗代の発電所建設現場で作業員を求めているので、四〇人ばかり集めてほしいといってきたのは、時節柄男手が払底している時期だったが、笹島はすぐさま在郷軍人仲間を集めて要望に応えた。

翌二〇年（一九四五）四月、笹島はふたたび田中に呼ばれた。海軍施設部地下工場をつくるトンネルを掘れという。笹島はトンネルは嫌いだとことわった。

「欲しいのはお前が集めてくる富山のトンネル技術集団なのだ。お前ではない。しかし、そういう連中を集める能力がお前にはある。だからお前が必要なのだ」

男手を戦争に取られ、一〇人の男集めは至難の業、トンネルでさえ七〇パーセントは女性の作業員が占め、こまごまとした仕事を受け持っている時代だった。このとき「年は若いが、人望があって、人集めがうまい男」と田中がいったひと言が、その後の笹島の人生を決めた。現場に赴いた彼はいきなり「熊谷隊」（戦時中はこう呼ばれた）笹島班の班長となった。「笹島親方」の誕生であった。事実、笹島が集めた男たちは、仲間内で「トンネルの神様」と呼ばれるような、トンネル掘削のベテラン職人ばかりだったのだ。

「山がおかしい」。噴き出した水が怒濤の勢いで押し寄せる

笹島信義率いる笹島班が熊谷組下請業者として、黒部川第四水力発電所大町トンネル建設工事に取り組んだのは昭和三一年（一九五六）六月のことである。関西電力が黒部川の上流に建設する黒四ダムへの資材運搬用道路トンネル四〇〇〇メートルのうち、立山側八〇〇メートルを間組が、大町側三二〇〇メートルを熊谷組が請け負っていた。

笹島はこれに先立つ昭和二八年（一九五三）、天竜川上流の佐久間ダム建設に従事した。この現場では導水路トンネルの掘削に、日本で初めてアメリカから輸入した大型機械を導入した。機械力の威力を見せつけられ、アメリカ人オペレーターの指導を受けながらダンプや電気ショベルといった重機を駆使したことで、笹島はトンネル掘削技術というものを理解したばかりでなく、あれほど嫌っていたトンネル屋の業務を好きになっていた。

大町トンネルでは月進（掘削距離）三三四・五メートルの日本新記録を樹立し、得意の絶頂にいたといっていい。

坑口から一六五〇メートルまで掘り進んだときだった。トンネルの神様といわれている男たちの顔に翳《かげ》りがさした。彼らの耳はかすかな山鳴りの音をとらえていたのだ。ピンピンと岩石が飛び散る山はねの音がする。＊切羽《きりは》からの水の出が多くなってきた。支保工がきしみの音をたて出し、なかには変形するものがある。矢板が音を立てて割れる。

こうした状態が三日ばかりつづいたあと、切羽から出る水が濁り出した。

「山がおかしい」

ベテラン職人がいった。経験からくるカンだ。坑内には五〇〇〜六〇〇人の工夫が作業をしており、切羽には四〇〜五〇人の職人が掘削に取り組んでいる。とっさに笹島は危険を察知した。仕事よりいのちが大事、人間の安全こそ優先すべきものとの信条がある。「さがれえ、みんな、うしろへさがるんだ」

作業を中止し、切羽にいたものは二〇〇メートルばかりうしろにさがった。一方でそのあたりの矢板を二重に補強した。

笹島は切羽を点検に行こうとした。そのときだった。濁流とともに山が崩壊した。どおっと噴き出した水は、切羽にあてがった矢板や土砂運搬用トロッコのマクラギをひっぱがし、怒濤の勢いで押し流してくる。流量は一分間あたり三六トン。川と同じくらいの水量だ。し

＊切羽：トンネル等の掘削方向における掘削面（最先端部）。

かも水温は四度、氷のように冷たい。

昭和三二年（一九五七）五月一日、破砕帯との遭遇であった。西瓜《すいか》にたとえれば、包丁でスパッと切った切り口は岩盤がいい山の状態、落として中身がぐじゃぐじゃになった状態が破砕帯である。そこに穴をあければ、内部の水は一気に流れ出す。地質学的にいえば、富士火山帯が通るこの地帯はフォッサマグナで、破砕帯にぶつかれば水と土砂が大量に出るのは当然と考えられる。しかしこの時期、日本では破砕帯にトンネルを掘った経験はほとんどなかった。

崩壊したところは、それ以上掘削することができないので、少し後退したところから人間がようやく入れるくらいの水抜き坑を掘った。ところが地質が同じだから、また大量の出水に会う。少し後退して次の水抜き坑を掘る。長いもので約二〇メートル、短いものは五メートルも掘れば水没する。一平方センチあたり最大四二キログラムの水圧に対処しながら、最終的に約三〇本、合計延長およそ五〇〇メートルの枝坑を掘って、水抜きをした。

危険とは隣り合わせ、一瞬の気も抜けない緊張の連続だった。現場には一五〇〇人の作業員がいたが、彼らの身を案じた家族からは「チチキトク」「ハハヤマイオモシ　スグカエレ」といった電報が一日に四〇通ばかり届いた。にせ電報とわかっていても、帰さないわけにはいかなかった。笹島にはハッピを着たまま作業員宿舎でごろ寝する日がつづいた。風呂からあがったあともハッピを着た。親方としていつでも現場へ駆けつける気構えだけが、彼を支えていた。

トンネル屋人生一番の危険な仕事。「破砕帯にトンネルを掘る」

発注者である関西電力の太田垣志郎社長が視察のため現場に姿を見せたのは、水抜き坑工事がピークに達しているときだった。安全帽にゴム長靴、そのうえからすっぽりとゴム合羽で身を包んだ社長一行は、豪雨のように降る出水現場を呆然と眺めてから、

「掘れるかね」

と笹島にたずねた。黒部川第四発電所建設工事は関西電力にとって、命運をかけた大事業だった。その成否は大町トンネルにかかっているといっても過言ではない。「掘れるかね」のひとことには、祈る思いが込められていた。

笹島は気が気ではなかった。狭いところに、現場に不慣れな人間が何人も入っている。万一この瞬間になにかが起これば、狭いトンネルの中は逃げ場をふさがれて、重大事故につながりかねない。社長一行が早く出て行ってくれないかと気をもんでいた笹島は、ふてくされた顔を太田垣に向けて答えた。

「なんとかなるでしょう」

このとき太田垣社長の目には、笹島親方が明るい表情をしていると映った。一縷《いちる》の望みが

つながれた思いであろう。なんとか掘れるのではないか、と太田垣は判断したのだった。

数日後、笹島は宇奈月から出された一葉のはがきを受け取った。差出人の名前を見て、すぐにはだれからのものかわからなかった。それが関電社長太田垣志郎からの礼状だとわかったとき、笹島のトンネル屋魂が太田垣社長に通じたことを肌で感じた。

破砕帯にトンネルを掘るという、世界でも余り例のない工事には、国内だけでなく世界の学者が関心を寄せ、現場を視察した。彼らの多くは出水の原因を地下水と判定し、永遠に減水しないだろうと断定した。ルート変更も考えられたが、周辺の地質から見て、結果は同じであろうと結論した。

笹島は山の溜まり水だと考えていた。前の年、この山中で越冬した経験から、夏季にはあふれるほどの水を流していた扇沢が、冬季になると川が枯渇するほど完全に涸れてしまったのを見ていた。理論的根拠はわからないが、そこは長年の経験だ。破砕帯の水が地下水ではなく溜まり水なら、冬場になれば必ず凍結し、そして減水する。そのとき勝負は決着する。笹島はそう踏んだ。

現実は笹島の考えたとおりだった。一〇月中旬になると、山の中の水が早くも凍結し、破砕帯からの出水が減少した。

「破砕帯で苦労している最中に、熊谷組の野球部がノンプロ大会で優勝し、一〇月にはアメリカのシアトルで開かれた世界大会で優勝したんですよ。まだテレビはなくて、ラジオで聞いていてね。一〇月になると減水したもんだから、トンネル工事にもはずみがついて、あれは、破竹の勢いってもんだね」

一六五〇メートル地点で遭遇した八〇メートル区間の破砕帯を突破するのに、要した時間は七カ月にも及んだ。当時三九歳だった笹島親方は述懐する。

「五十六年、トンネル屋をやってきて、あれがいちばん危険な仕事だった。しかし、あれほど嫌いだったトンネルが、破砕帯突破を境に、大好きになった。あれ以来ダイナマイトの匂いを嗅ぐと、体がしゃきっとして年齢を忘れるほどだね。あの当時は肉弾戦だったけど、黒部を突破した技術屋部隊にとっても、あれをやった、ということが、その後の自信につながりましたね。破砕帯掘削中は緊張していたから、人身事故は一切なかった。逆に破砕帯が終わったあとで、いくつか事故を起こしてしまった。気が緩んだせいだね」

仕事師、笹島の面目躍如。三匹目の鯛で祝った貫通式

大町トンネル四〇〇〇メートルは、立山側から掘削した八〇〇メートル地点と、大町側からの三二〇〇メートル地点が貫通点と決められていた。いよいよその日が近づき、世紀の瞬間を取材するために二〇～三〇社の報道陣が詰めかけていた。

予定の日、笹島は貫通祝用の酒樽と大きな鯛を用意した。ところが貫通しない。次の日の

大鯛も役に立たなかった。貫通点を二・五メートル過ぎているのに、トンネルが一本に抜けない。中心線がずれたようだ。全断面を掘っていれば予定どおりにいったはずだったが、少しでも早く貫通点に到達したくて、断面の小さい穴を掘り進んでいたためにすれちがってしまったのだ。

「立山側に古い木材を埋めておいて、支保工に見せかけ、到達に見せよう」

業を煮やした関係者のなかで、報道陣の手前、体裁だけを整えようと画策が取り沙汰された。削岩機の先端に木屑がつけば、反対側からのトンネルにあてがった支保工に突き当たった証拠になる。そこで、あらかじめ地山《じやま》の中に支保工らしき古材を埋めておき、それをめがけて削岩機を入れれば、見せかけの貫通となるわけだ。

「おれはいやだ。おれは仕事師だ。そんなインチキなんか、おれはしたくない」

笹島は頑としてはねつけた。

笹島はひとり削岩機を手にすると、側面の岩盤にあてがった。ダダダダと振動が手から全身に伝わった。二・五メートルすれちがっている反対側のトンネルとおぼしきところに向かって、彼は横から探りを入れた。

何カ所目かに探りを入れたときだった。削岩機の先端がふっと軽くなった。手元に抜き出したその先に、木屑が付着しているのを笹島は見た。まぎれもなく、それは反対側から掘削したトンネルの支保工から抜き出した木屑だった。トンネルは削岩機の先端で一本に抜けたのだ。昭和三三年（一九五八）三月二五日、笹島の腕時計が午後七時四〇分を指していた。

笹島は土砂運搬用のバッテリーカー（トロッコ）に飛び乗った。

胸が張り裂けそうで、声が出なかった。滂沱《ぼうだ》の涙が頬をつたい、ただ号泣する笹島の姿を、坑内にいた作業員たちは事故でも起こったかと凝視するばかりだった。

三二〇〇メートルをバッテリーカーで走り抜け、事務所に飛び込むなり笹島は叫んだ。

「穴、あいたぁ。穴、あいたぁ」

居合わせた男たちが総立ちとなり、そして、声をあげて泣いた。破砕帯にてこずりながらも掘り進んできた四〇〇〇メートルのトンネルが、たったいま、遂に貫通した、

黒部ダム（土木学会）

という感動に酔いしれた瞬間だった。

笹島信義にとっても、それは人生でいちばんうれしい瞬間だった。

事務所で貫通の瞬間を待っていたものたちや、報道陣がバッテリーカーに乗り込み、貫通地点へ急いだ。そこでは小さなダイナマイトをしかけて、穴を広げる作業が行われていた。人間が通れる大きさの穴があいたとき、立山の風がきた。感動に酔ったかのように何人かの作業員が穴をくぐって、雪に埋もれた立山側のダムサイトまで駆けていった。三匹目の大鯛を用意した日の貫通だった。

「あのトンネルをさせてもらったことを、しあわせに思います」

想像を絶する力で立ちふさがった自然に挑み、人間の力で難関を突破したのだ。

トンネル総掘削距離一〇〇〇キロ以上。「山は生きもの」が実感

昭和三八年（一九六三）六月五日、黒四《くろよん》は竣工した。このダムの完成によって、二四万キロワットの電力が生み出されたばかりでなく、下流にある三つのダムからの計三五万キロワットが活きる効果をもたらしたのである。

その後、こんにちに到るまでの四〇年近く、笹島の立場は少しずつ変わっていったが、トンネル一筋の人生であったことに変わりはない。津軽海峡横断や新幹線熱海トンネルなどの

難工事をはじめ、遠くイランやホンコンなど世界の現場で、彼が携わったトンネルの長さは、ゆうに一〇〇〇キロを超えている。

「山は生きもの」

と笹島はいう。コンピューターでははかりきれない現場の知識、対応の仕方……、それらをすべてマスターしたうえだからこそ、さらには日本列島を縦断するほどの距離のトンネルを掘ってきたからこそ、笹島が自然を畏怖する気持ちはだれよりも強いのである。

尾崎 晃

（おざき あきら・一九一九〜二〇一二年）

自然を味方につけた港湾技術

「結局、土木の仕事は、陸上も同様ですが、
海や川のように
非常に奔放な自然力を相手にする仕事は、
自然力に抵抗してはだめだということが、
いちばん先にあると思うのです。
やはり柳に風で受け流すような格好でいかないと、
抵抗することはできても、
非常に莫大なエネルギー、
つまりお金がかかるということになります」

世界で三番目に長いという日本の海岸線延長は約三万四〇〇〇キロ。その一割を北海道が占める。北海道民はときとして本州のことを内地と呼ぶが、それが実感を伴うのは、海を渡るという意識が込められているからだろう。陸路でつながっているのは津軽海峡を海底トンネルで結ぶ鉄道だけで、輸送量の割合は鉄道と空路を合わせて全体の一割に過ぎない。あとの九割を舟運が占めている。北海道の四囲をとりまく太平洋、オホーツク海、日本海、津軽海峡に面した海岸線には、かつては北海道最大の玄関口、小樽港をはじめとする国際港やフェリーポート、主要産業である水産の基地、漁港が数え切れないほど開かれている。北海道にとって、港はいわばライフラインなのだ。しかも寒地という特殊な条件下にある。そうした港づくりに英知の限りを尽くし、北の海に果敢に挑戦する土木技術者集団がある。尾崎晃はその先頭に立ちつづけてきた。

廣井勇を知り、土木の道を志すも、戦争で従軍。戦後は専門外の水工学の教師に

尾崎晃は大正八年（一九一九）七月一日、昇、梢の長男として札幌市に生まれた。札幌第二中学校（現札幌西高等学校）から北海道大学予科工類、同大学工学部土木工学科に進学、鷹部屋教授（構造）の研究室に所属中の昭和一七年（一九四二）九月、戦時中の措置で半年繰上げ卒業した。北大土木には同大学の前身、札幌農学校の卒業生であり、港湾の父と敬慕

されている廣井勇の還暦を記念して「廣井賞」が制定されており、成績一番の卒業生に授与されている。尾崎はこれを受賞し、副賞として「廣井勇」の伝記本をもらった。

「在学中に廣井先生の名前が出ることはなかったですねえ、不思議にも。波圧の計算公式で廣井公式を習ったのですが、それ以外には一切廣井先生についての知識がありませんでした」

尾崎は伝記を読んで初めて廣井勇という人物を知り、その偉業を思った。

新渡戸稲造や内村鑑三らと同期の廣井勇は、札幌農学校でクラーク博士の薫陶を受け、将来は伝道師になるつもりだった。しかし、この貧乏な国で民に食物も与えられずに宗教を説くよりも、恵まれないひとたちに少しでも生きやすい社会基盤を提供するのが先決であることに気づき、土木に生きる道を選んだ（別頁、廣井勇参照）。

明治二〇年（一八八七）代後半に函館港、つづいて小樽港を設計し、建設に携わったのち、東京帝国大学教授となり後進の指導にあたった。鋭い工学的良心の持ち主であり、その良心は国家と社会と民衆とを永遠に益したのであった。廣井勇を知ることで、そうした土木技術者の在りようを深く心に刻みこんだ尾崎は、その轍《てつ》を自らの土木屋人生に敷いたのであった。

外地でダムをつくる仕事にあこがれていた希望がかない、鴨緑江*水力発電に就職が決まっていた。しかし、実際に入社することはなかった。尾崎は卒業と同時に、国境から八〇キロばかりのところに駐屯していた樺太上敷香北部第四二部隊に応召入営した。ひょろりと背が

＊鴨緑江：中国と北朝鮮の国境を流れる川。白頭山から黄海に注ぐ。

高く、蒲柳《ほりゅう》の質だったから、徴兵検査による判定は「第一乙種」、ぎりぎりの合格だった。しかし、結果的にこれが幸運につながった。最下級の二等兵は毎日朝晩ぶん殴られ、裸馬にしがみついての乗馬訓練で、初年兵の悲哀をいやというほど味わされたのだが、体格がよくて、幹部候補生から将校になっていた同僚は、南方や沖縄に転属させられ、大多数が戦死した。

終戦の詔勅は豊原（いまのユジノサハリンスク）で聞いた。召集解除解散手続きのため原隊のある真岡（いまのホルムスク）へ行ったその夜、ソ連軍の攻撃にあい、陣地に飛び込んで機関銃を撃ちまくった。軍隊在籍二年一〇カ月、実際に戦闘したのはこの二日だけだった。兵隊はみな捕虜になったが、尾崎は山の中を歩いて豊原まで逃げ、民間人になりすまして漁師をしたりしながら帰国のチャンスをねらった。真岡港からの引揚げ船で函館に帰還したのは昭和二二年（一九四七）一〇月のことだった。就職が決まっていた鴨緑江水力発電会社は敗戦で消滅していたから、北海道庁土木試験場に就職した。

昭和二五年（一九五〇）一月、恩師である大坪喜久太郎教授のすすめで、北大工学部助教授に迎えられ、水工学の講座を持たされた。折りからの電力不足解消のため、電源開発、水力ダム建設が急がれていた。大学時代は構造を学び、卒業と同時に軍隊に取られ、水工学の基礎知識もないいまま一夜漬けの講義をするはめになった尾崎は、ダムづくりなどに関する原書をひもとく一方、実験で問題点を解明することに努めた。

「戦後の混乱期とはいえ、私はポツダム教師で、当時の学生には気の毒しました」

語り口は優雅で、あくまで控えめ。そういえば卒業時の廣井賞受賞を知っている教え子は一人もいなかった。その風ぼうは温和な紳士そのもので、学者以外には考えられない。

「海岸遍歴」の末に得た結論は、「自然に逆らわないこと」

昭和三六年（一九六一）二月、「急勾配開水路の抵抗法則について」で学位を取得した。水工学の分野でようやくここまできたと思った途端、今度は「港湾をやれ」。

ダムも港湾も同じ水工学だが、研究の内容はだいぶ違う。尾崎は再び未踏の分野に分け入ることになる。第一回海岸工学研究発表会が神戸で開かれたのが昭和二九年（一九五四）のことで、日本では「港湾工学」という学問が緒についたばかりの時期だった。当然のことながら研究者もほとんどいなかった。たまたま「港が砂で埋まってしまった」と小さな漁港から相談が持ち込まれたのがきっかけで、「漂砂*」に足を踏み入れることになった尾崎は、そこでカルチャーショックともいえる驚きに出会った。アメリカではノルマンディー作戦のような海岸から上陸に備えて、気象条件、風、波浪予測といった海浜状況や、海岸の砂の調査研究が戦時中から軍事研究として行われていたことを知ったのである。

「アメリカでは、戦争中にここまでやっていたのか！」

＊漂砂：海岸付近で波や流れの作用によって土砂が移動すること。あるいは移動する土砂の総称。

というのが率直な印象だった。

漂砂というのは読んで字のごとく砂が漂うことだが、海底の砂の漂い方は一定ではなく、海岸線の方位や海底の勾配（陸地の等高線に対して、海底では等深線という）によって左右される。緩勾配で波も緩やかなところでは、海岸線に変化は見られないが、急勾配で来襲波のエネルギーが大きい場合には、浸食や堆積で海浜変化が起こるのだ。

尾崎は「海岸工学」に着目した。昭和三二～三三年（一九五七～五八）、この時期、日本では臨海工業地帯が広がり、海岸の近くに人間が住むようになる一方、自然災害で海岸浸食が起こり、護岸工事で対応する必要が生じていた（現在は元の砂浜に戻そうという思想が主流になっているが）。

海岸、あるいは漂砂に取り組みはじめた尾崎は、その後の年月をかけ、北海道の海岸線を全部自分の足で歩いて踏査した。戦時中、樺太の大泊（いまのゴルサコフ）周辺の海岸を毎日のように一日に二〇キロ余り歩いて、トーチカ*をつくるための測量や路線調査をしていたから、歩くのは少しも苦にならなかった。尾崎はそれを「海岸遍歴」と表現する。海岸は「野外の実験室」ともいえた。現象を直接見ることから始め、それをとらえることで答えを求めたのだ。こうして研究を行う初期の段階で、尾崎はひとつの理念に到達した。

「結局、土木の仕事は、陸上も同様ですが、海や川のように非常に奔放な自然力を相手にする仕事は、自然力に抵抗してはだめだということが、いちばん先にあると思うのです。や

＊トーチカ：敵の攻撃を阻止するためにコンクリートで堅固につくられた防御陣地。

はり柳に風で受け流すような格好でいかないと、抵抗することはできても、非常に莫大なエネルギー、つまりお金がかかるということになります。海岸の浸食制御でも港湾でも、とにかく自然に逆らわないことをモットーにしてきましたが、人間社会の事情もいろいろあり、その場合、逆らってもできるだけ逆らい方を小さくするようにというのが、遍歴中に得たひとつの結論です」

漁港をつくる場合、ただ防波堤を築けばよいというものではない。風や砂の問題を考慮に入れないと、防波堤を延ばせば延ばすだけ砂がついて、できあがった港の中が砂で埋まってしまい、船が入れない状態になるというケースがある。例えば日高海岸の節婦漁港がそうだった。どういう配置で港をつくるかという場合に、波の寄せ方、

節婦漁港

風の吹き方、そして漂砂の問題は重要な要素となるのだ。

砂で埋まってしまった漁港の解決策として考えたのが「離岸堤」*だった。防波堤から五〇〜一〇〇メートルの沖合に、間隔をあけてコンクリートブロックを積んで堤防をつくると、波に運ばれた砂が、波の引き際に離岸堤の内側にくっつく。日高海岸の特徴として、夏の波と冬の波が反対方向からくるため、夏季についた砂を、冬季になると強い西風が吹き払ってしまう。

この状態の繰返しで、港の中に砂が溜まるのを食い止める。今日では海岸浸食防止策としてポピュラーになっている離岸堤の効用だが、この時期、北海道ではまったく考えられていなかった。離岸堤の設置によって、節婦地区の漁民は安心して港を使えるようになった。日高海岸を研究の題材に取り上げた尾崎は、海岸工学、漂砂を地質的、歴史的に、そしてグローバルに解明していったのだった。

現象そのものを見ることから始め、それを捉えることで答えを求めるのが尾崎流

ところが一〇年ばかり経ったころ、離岸堤があるにもかかわらず港内が砂で埋まるようになった。調査と過去の記録から、冬季の西風の風速に一〇年周期くらいで変化のあることがわかった。風速が落ちると、夏のあいだに溜まった砂が吹き飛ばされなくなるのだ。風速の

＊離岸堤：海岸の沖合に海岸線と平行につくられる堤防状の構造物。波の勢いを弱め、海岸侵食を防止する効果がある。

強弱と汀線《ていせん》の後退量の相関性を突き止めた尾崎は、それが網走の流氷量とも関係があることに気がついた。さらに考察を進めていくうちに、網走の氷量は太陽黒点の周期と関連がありそうだ……、とわかってきた。「野外の実験室」の成果だった。

いま砂の戻りが少し悪いのは、そんなに心配しなくても、そのうちにまた好転するだろうと尾崎は考えた。

「そのときにあわててヘンなものをつくったりすると、かえって取り返しのつかないことになるところでした……」

いま、北海道の海岸線ではいたるところで離岸堤を見ることができる。離岸堤設置の目的はさまざまだが、海中に構造物をつくる効果のひとつに、魚礁*となる場所を増やすことがある。また、水温の影響など、とくに日本海側に多く発生する磯焼け（海岸の縁に石灰質のものが付着して白くなる現象）への対応策にも用いられる。磯焼けが起こると昆布が生えなくなり、魚が寄らなくなって、海中の栄養分がなくなるという悪循環を繰り返すことになる。そこで昆布が着床しやすい成分を入れたコンクリートブロックを置くなど、人工の魚礁をつくることで、地場産業である漁業の保護育成をはかる努力が払われている。

「工学的良心は民衆を益する」という廣井イズムは、一世紀を隔ててなお健在、こうした港づくりにも活かされている。

＊魚礁：海中の岩などに魚が多く集まっている場所。

窮鼠猫を噛む思いで答えを求める

港の中に氷を入れない研究もまた尾崎が追求するテーマだ。オホーツク沿岸は冬になると流氷で氷結する。流氷はロマンチックな冬の海を演出する反面、漁業に悪さもする。サロマ湖に流氷が浸入し、ホタテ漁に莫大な損害を被らせたのは昭和四〇年（一九六五）代の終わりごろだった。

尾崎は湖から流氷をシャットアウトする研究に取り組んだ。

サロマ湖は長さ二五キロの細長い砂州によってオホーツク海と隔てられているが、二カ所に二五〇メートル余りの開口部がある。冬季には湖内結氷して流氷の流入を阻止するが、結氷前に流氷が到来すると、わずかな開口部から流氷が浸入して、ホタテやカキなどの養殖施設に多大な被害を与えることになる。そこで人工的に阻止する方法の研究を重ねた結果、流氷制御機能を持つアイスブーム工法を採用することにした。アイスブームというのはメインワイヤー、フロート、ネットワイヤー、下部チェーンからなる、いわば水中の垣根のようなもので、実海域での採用は世界的にも類のない技術だ。寒地ならではの港湾技術といえよう。

尾崎は研究者としての人生を振り返る。

「窮鼠猫を噛むみたいなところがありました。自分で計画を立てて進んだのではなく、火急の問題が押し寄せるなかで、遮二無二できる方法でそれに向かってきました。苦手な数式を使わず、現象そのものを見ることから始め、それを捉えることで、答えを求めたのです。それによるアドバイスがいい結果をもたらしたことを幸せに思います」

四〇年に及ぶ海岸遍歴が尾崎の海岸工学のベースにあり、海岸工学を組み立てるうえでの信条になっている。

高橋　国一郎（たかはし　くにいちろう・一九二二〜二〇一三年）

日本の未来をつくった高速道路

「私の在職中は高速道路全盛時代だったといえるでしょう。
昭和五八年（一九八三）には
青森から鹿児島までの縦断道路が完成し、
日本列島は大体つながり、
昭和六〇年（一九八五）一〇月には
初の横断道、東京〜新潟間が開通して、
ネットワークの一部ができました。
高速道路網整備に微力を注いできた私にとって、
このときのよろこびは、
言葉ではいい表せないほど大きなものでした」

日本の近代化の象徴のひとつが鉄道であったならば、戦後の象徴のひとつがモータリゼーションといえよう。敗戦からおよそ一〇年、モータリゼーションの到来を予感し、近代的な道路の必要性に、日本国中の機運が高まってきていた。そうしたなかで、高速道路を実際につくる組織として昭和三一年（一九五六）四月、日本道路公団が設立された。

名神高速道路をはじめとする高速自動車道の建設は、日本はじまって以来の大事業だった。敗戦で多くのものを失った日本で、国土に太くてしっかりした背骨を構築しようという構想であったと同時に、日本の再興のために、鉄道に替わる交通手段を確保しなければならないという、それは、道路技術者に科された使命感ともいえるものだった。そこには、政界、財界、そして行政……、高速道路建設のパイオニアたちの熱意があった。終戦の前年に内務省に入り、ほとんど道路行政ひとすじ、いまなお現役でありつづける高橋国一郎は、そうしたパイオニアのひとりである。

宮本武之輔著『現代の技術』に刺激を受けて土木を志す

高橋国一郎は、大正一〇年（一九二一）八月二日、商家を営む武一郎、富子の長男として新潟県柏崎町（現柏崎市）に生まれた。柏崎中学校の教師の一人に、一高時代から禅に凝り、東京帝国大学を卒業したあと数年間、禅寺で修行して、日本曹洞宗の開祖、道元を研究した本富《ほんぷ》一郎先生がいた。小学校四年のときに父と死別した高橋にとって、本富先生との出会いは人生で大きな意義を持ち、性格形成の段階で受けた影響は大きかった。

「随処に主となれば、立つるところみな真なり」*という道元の教えは、いまも高橋の座右の銘となっている。

中学の同期生は一〇〇人ほどで、仲のいいクラスだった。しかし日本は戦争の真っ只中にあり、クラスメートの三分の一以上が戦死してしまった。生き残ったものは、「死んだ友の分まで働こう」と誓い合った。

仙台の第二高等学校から東京帝国大学に進学した高橋は、同大学の先輩で、内務官僚となっていた宮本武之輔が岩波書店から出した『現代の技術』に刺激を受け、土木を志向した。宮本は大河津分水補修工事に携わり、戦時中は中国の黄河の治水に関係するなど河川技術者であったから、高橋は治水に興味を持ち、将来は治水関係の仕事に就きたいという希望を抱くようになった。

昭和一九年（一九四四）、大学三年間は勤労動員に明け暮れし、卒業論文を書かずに（帝大始まって以来最初で最後ではないか?）、その年九月、半年繰上げで東大を卒業。内務省に入省したが、ほとんど強制的に海軍に入隊させられ、翌二〇年（一九四五）八月、技術中尉で敗戦を迎えた。

内務省で最初に配属されたのは、国道一号多摩川大橋や鶴見大橋の架替え（木橋を鉄橋に）

＊「随所に〜」: この言葉は臨済宗の祖である臨済義玄禅師の『臨済録』にある。

工事現場だった。当時は制度として、新卒の入省者はまず地方建設局に配属され、現場に出ることになっていた。

昭和二三年（一九四八）に内務省は廃止され、建設省が設置されると、その翌年、高橋は渡良瀬川堤防決壊復旧工事現場、ひきつづき五十里《いかり》ダム建設現場に配属となった。この時期、ジェーン台風、カスリン台風などが次々に来襲、各地で多大の被害が発生し、治水事業は国にとっての急務となっていた。栃木県川治温泉の上流に建設された五十里ダムは、直轄の多目的ダムとしては最初のものだった。

治水事業に就きたいという学生時代からの希望がようやくかなったわけだが、昭和三一年（一九五六）四月には関東地方建設局四号国道事務所長として道路の建設に携わり、以来道路畑ひとすじの技術屋人生を歩むこととなる。

道路事業はゼロからの出発。「自分たちの手で新しい日本の国土を築くのだ」

ようやく道路事業が緒につこうとしている時期だった。戦前は地方自治体が各自に行っていた国道の管理を、戦後は国が直轄で行うことになった。泥んこのでこぼこ道を舗装するのが最初の仕事だったが、イギリス式現道舗装といって、現状の狭い道路のまま舗装するのが主流だった。その後、五～六メートル幅に拡幅して舗装する現道舗装となった。

高橋は建設省土木研究所の技術者たちといっしょに舗装について勉強を重ね、国道四号は格好の実験室となった。そんなとき思い出すのが大学時代、吉田徳次郎教授が呆れ顔でいったことばだった。

「こんなに勉強しないクラスはない」

それは事実だと思った。中学校でも高等学校でも大学でも余り勉強した記憶がない。しかしその分、五十里ダム現場では、当時これほどのハイダムが日本になかったため、夜遅くまで原書の文献を読み漁って勉強した。道路に関しても外国の雑誌類を見て、欧米では新しい世代の道路ができていること知り、舗装技術の勉強に取り組んでいるのだ。ゼロからの出発といっていい道路事業だったから、そこには自分たちの手で新しい日本の国土を築いていくのだという強い自覚があった。

しかし、もはや補修だけでは間に合わないというのが時流となっていた。道路法が改正されて、有料道路制度と道路特定財源に関する二つの法律ができたのが昭和二七年（一九五二）から二八年（一九五三）。

「日本が敗戦して、民主化とか、モータリゼーションとか、経済効果とか、そういう新しい考え方が出てきたときで、しかもそれが五五年体制という、保守合同によって長期政権が確立して、国民経済の成長期に向かっていくという時代だった。所得倍増計画が昭和三五年（一九六〇）に出て、成長期に向かって長期計画、長期展望が立てられる時代になってきた。

そういう時期に、タイミングとして、経済を伸ばすためには輸送施設というものが非常に大事であるし、自動車産業というものが興る。ものの考え方がまったく新しく変わる、いわばパラダイムシフトの時代だった。そのエネルギーの支えになる中核が、やはり輸送体系としての高速道路だという認識が一般的に高まってきた時期といえる」

尾之内由紀夫元日本道路公団副総裁の述懐である。

高橋が建設省道路局地方道課長補佐として本省入りしたのは昭和三四年（一九五九）九月。高速道路をつくるという、いわば日本の道路関係者にとって初めての挑戦は、昭和三二年（一九五七）、名神高速道路で幕開けした。高橋が道路技術者としての道を歩き始めたのは、まさに「その時」であった。

全国七六〇〇キロに渡る日本の高速道路網をどうするか

日本の高速道路計画事情が他の国と違うのは、まず、議員立法でなされたことである。国会議員はルートから経過地点まで、十分な調査も行わず、まったくの素人が地元の要請を入れて勝手に線を引いた状態で国会で発言した。多分に地元の利益を優先したものと見える節がないでもない。

これに対し、行政側は、非効率的投資は許されないという立場から、地質、地形、線形、経済効果など、例えば山の中にルートを求める場合なら、勾配、霧や降雪の多寡などを十分に調査したうえで、高速道路としての機能の有無、建設費などを検討し、最大効果が得られるであろうルートを決める。

昭和三三年（一九五八）一〇月一九日、名神高速、山科工事区で最初の槌音を響かせた高速道路は、同三八年（一九六三）七月、栗東〜尼崎が供用開始したのを皮切りに、同四〇年（一九六五）に完成。同四四年（一九六九）には東名高速道路も完成した。一方ではこのころ、東海北陸横断道、九州横断道など全国各地で次々に横断道の議員立法が行われていた。

昭和三九年（一九六四）四月から建設省道路局高速道路課高速道路調査室長の任にあった高橋は、こうした事態に危機感を抱いた。そこで一年半ほどをかけて調査したうえで、すでに決められていた縦貫道に横断道を追加し、全国七六〇〇キロの日本の高速道路網はこうあるべきだという計画として、同四一年（一九六六）、「国土開発幹線道路網（案）」を提出した。これによってようやくネットとしての高速道路建設計画が完備したのである。

採算をとるためにプール制を導入。一群の路線の収支を併合して計算する

日本の高速道路のもう一つの特徴は全線有料制度がとられている点である。フランスやイタリアで一部有料という例外はあるが、全線有料というのは世界でも例がなかった。

高速道路の建設費は財政投融資などの財源で賄われている。膨大な建設資金がかかっているから、料金によってこの建設費、管理費さらには金利を償還しなければならない。そこで一日に通行する車の台数を予測して料金を設定したのだが、名神では当初、三〇年間で償還することになっていた。

採算性という点だけで考えれば、交通量の少ない横断道はいうまでもなく、首都圏や大都市周辺では建設費が膨大となり、したがって採算がとれにくい。しかし、高速道路は各路線が独立して存在するものではなく、それぞれの路線が連結して全国の交通網を形成するところに意味があり、区間的に短い高速道路をつくっても価値がない。

したがって、料金の設定には一貫性、一体性がなければならない。そのうえ各路線とも、同時並行的に建設されるわけではないから、用地費や工事費が建設時期によって異なるのは当然である。しかし、料金を路線ごとに設定するわけにはいかない。

昭和四七年（一九七二）には路線の延長を考慮してプール制が導入された。将来、地方へ路線が延びた場合に、単独では採算がとれないであろうから、高速道路として建設される一群の路線の収支を併合して計算する方式である。償還期間は投資金額の重心点を換算起算日として、そこから年限を定められることになる。

この時期、道路局長となっていた高橋は、プール制の導入を道路審議会に諮問した。審議会は新しい整備計画も含めてプール計算し、現行の料金で採算がとれない場合は、料金の改定もあり得ると答申した。

第一回の料金改定が行われたのは昭和五〇年（一九七五）だった。高橋は回顧する。

「物価が上がったからといって、道路公団が勝手に料金を上げるというわけではないのです。国から整備計画が出て、施行命令が出る前から、整備計画が出た時点でチェックして、今の料金ではとてもだめだということになれば値上げします。私が道路公団の総裁になったのは昭和五三年（一九七八）ですが、その直後に整備計画が出て、チェックしたところ、二五パーセントも上げなければならないことになりました。そうしたらマスコミには叩かれ、トラック協会からは反撃があり、それを後押しする運輸省とのあいだにたいへんな軋轢があって苦労しました。以来私は、物価の上昇範囲内の細かい上昇なら、みなさんからの了解を得られるだろうということで、道路審議会に諮って、整備計画の決定のとき以外でも、物価上昇がはげしいときには、三〜四年ごとにチェックして、料金の改定が行えるようにしていただきました」

政治絡みの問題でも毅然《きぜん》として素早く対処。日本の道路行政の責任を一身に担う

東名高速道路下り線日本坂トンネル（延長約二キロ）内で、車両一七三台が全焼、死者七名、負傷者二名の大事故が発生したのは昭和五四年（一九七九）七月一一日午後六時三九分

のことだった。トンネル内で大型貨物自動車四台、普通乗用車二台の多重衝突事故が原因と見られているが、日本の高速道路史上最大の惨事であった。

高橋が道路公団総裁に就任して八カ月目の出来事だった。

日本坂トンネルの防災設備は、決められたもの以上の対策がとられており、出火と同時にスプリンクラーが自動的に作動することになっていた。消火栓も四八メートルピッチで取り付けられていた。しかし、この事故の結果判明したのは、火災発生と同時に、高熱で被覆鉄管*もろとも電線が焼けて電気が消え、トンネル内が真っ暗になること。スプリンクラーはトンネル内の温度を下げる効果はあるが、火災を起こした車の消火には役立たないこと。給水栓がトンネルの入口にしか取り付けられていないため、やっと消防車が到着しても、ホースが届かなかったこと。さらには一方通行のため、逆方向から消防車が入れなかったことなどなど。

こうしたことは、トンネル建設の段階では想定できないことだった。日本だけでなく、モンブラントンネルでも最近になって同じような事故が発生しており、欧米でも想定できなかったようだ。

この事故は、高速道路発達過程での一大転換ポイントとなり、トンネル管理上でも、施設大改革の動機となった。こうした反省のもとで、最新の東京湾横断道路トンネルの防災設備は二〇〇パーセント完備といえるだろう。

＊被覆鉄管：鉄管の外側をポリエチレンなどで被覆し、防食性を高めたもの。

「道路が開通したのは、事故発生から五〇日目でした。道路公団には副総裁時代から数えて一〇年いましたが、日本坂トンネル火災は私には生涯忘れることができない大事故です。私の在職中は高速道路全盛時代だったといえるでしょう。年間二〇〇キロずつ延びて、昭和五八年（一九八三）には青森から鹿児島までの縦断道路が完成し、日本列島は大体つながりました。昭和六〇年（一九八五）一〇月には初の横断道、東京〜新潟間が開通して、ネットワークの一部ができました。高速道路網整備に微力を注いできた私にとって、このときのよろこびは、言葉ではいい表せないほど大きなものでした」

平成三年（一九九一）一月からは道

昭和 60 年（1985）、全線開通した関越自動車道の渋川伊香保インターチェンジで行われた開通式。（共同通信社）

路審議会会長として、日本の道路行政の責任を担ってきた。政治が絡む問題でも、「イエス」「ノー」をはっきり述べ、しかも行動が早い。王道を歩くがごとく、些事にこだわらず、大局に立った判断は大樹のようにぶれることがない。

国際的活動でもＰＩＡＲＣ（世界道路会議、明治四〇年（一九〇七）に創設され、その前年にひらかれた第一回会議から日本政府は代表を送っている）の実行委員を平成元年（一九八九）から四年間務め、その間ＰＩＡＲＣの規約改正や財政の強化などに尽くした。その功績により、平成四年（一九九二）、同会議にはじめて設けられたＰＩＡＲＣ賞を受賞した。

高橋国一郎は富樫凱一（別項、富樫凱一参照）に率いられた道路技術者のひとりとして、高速自動車道路網建設という日本はじまって以来の大事業に人生をかけた。その誇りは永遠のものであろう。

大西　圭太

（おおにし けいた・一九二二～二〇〇〇年）

安全を守り続けた緻密な保線作業

「好き好んで入った仕事やけんのう、
大事にやらにゃいけんのうと思いました。
保線は男の仕事ですけんのう。
レールは生きてますけん、
常にていねいに面倒みて、
可愛がってやらんと大病するけんのう」

線路はレールの下にマクラギ、その下にバラスト（砕石）が敷かれ、新幹線の場合はさらにその下にクッション効果のあるゴム製のマットが敷かれて、振動を分散している。列車が走ることによって、間断なく破壊力を受け、バラストは路盤のなかにめり込み、マクラギはレールに食い込まれ、レールは頭部が磨耗する。本来、線路は破損される宿命にあるといっていい。しかも破損は毎日繰り返され、放置しておけば、やがて列車を走らせることが不可能な状態に陥る。こうした線路の破損をいち早く発見し、手当てをする作業が保線であり、保線従業員の最大の使命である。安全第一、そして乗り心地、線路を線路と感じさせない快適な状態に保つ……、それが保線マンの仕事なのだ。だからこそ乗客は列車の中で安心して仮眠を取ることができる。大西圭太はこの道四七年、いのちをかけて線路を守ってきた。そして平成二年（一九九〇）、勲六等瑞宝章を叙勲した。

幼い頃から抱いていた鉄道線路工手への憧れ

大西圭太は大正一〇年（一九二一）一〇月二日、広島県豊田郡内海（現安浦町）で仁吉、カズの一〇人兄妹の長男として生まれた。父は農業のかたわら、冬季は杜氏《とうじ》として働いていた。

幼いころから鉄道軌条*の上で線路工手として働く男たちを間ぢかに見ていた。いつか自分

*軌条：レールのこと。鉄道の軌道のうち、車両を支持し、車輪のガイドとなる役割をもつ。

もあの仕事に就きたいと、将来の夢を描き、思いをつのらせた。昭和一二年（一九三七）三月、三津内海尋常小学校高等科を卒業した大西は、国鉄三原保線区を受験した。試験は学科のほかに、三トントロッコや五トントロッコの車輪二個を軸に通したものを持ち上げ、一〇メートル歩いたところでいったん下に置き、ふたたび持ち上げて戻るという実技があった。トロッコに何本ものマクラギを載せて運搬したあと、重量挙げのバーベルのような状態のトロッコの車輪を、レール上から持ち上げるに足る力の有無を試されたのだ。

数え歳一六の大西には、それだけの力が不足していた。結果は不合格。やむなく海軍工*廠《こうしょう》に入り、器具製造工場で仕上げ工になって腕力をつけた。二年後に再受験。遂に願いがかなって三津内海線路斑線路工手に採用された。

詰襟の青い木綿服、黒の巻き脚絆、地下足袋、雨の日は棕櫚《しゅろ》の蓑笠姿で線路へ出た。バール（犬釘*を抜いたり、マクラギをはずしたり、レールを上げたりする）、ビーター（つるはし）、メトリ（チョウナともいい、レールが食い込んだマクラギを直したり、削ったりする）、スパイキーハンマーなど道具はどれも一〇キロの重さがある。スパイキーハンマーは使いこなすのに三年はかかるといわれ、最初のうちは空振りしたり、犬釘にあたらずにレールを叩いたりする始末。分厚い鍬に刃がついたようなメトリで脚をけがするのは日常的だった。防腐剤のクレオソートが染み込ませてあるマクラギは一本の重さが五〇キログラムあり、トロッコに何本も積んで昇り勾配を押すのは想像以上の力仕事だ。うっかり側溝に足を踏み込めば

＊海軍工廠：艦船、兵器、弾薬などを製造する海軍の軍需工場。横須賀、呉、佐世保、舞鶴などに設置されていた。
＊犬釘：レールを枕木に固定するための釘。頭部が犬の頭に見えるため名付けられた。

骨折しかねない。トロッコの上では工手長が指揮をとっている。現場では一パーティ八人ほどが一つのチームを組んで仕事をするが、その指揮官が工手長だ。

「早う工手長にならにゃあいけんのう」と思っているうちに、昭和一七年（一九四二）一月に赤紙がきて松江西部第六四部隊に入隊、ニューブリテン島や朝鮮平壌を転々としたが、弾を撃ったことは一度もなかった。

昭和二〇年（一九四五）二月、召集解除、国鉄に復帰するとともに、広島鉄道教習所専修部線路科に入学した。その年の八月六日、教習所から五キロばかり離れたところに原爆が投下された。西部第二部隊に勤務していた叔父と弟を、父といっしょに探しに行った。被爆した二人を見つけて大八車に乗せ、その先は普段ならめったに乗ることができない二等車でうちへ連れ帰ったが、ほどなくして二人とも死亡した。そのときの情景はいまも忘れることができない。

念願かなって工手長に。二、三ミリの曲がりやひずみも見逃さない

戦争による鉄道の損傷は甚大だった。しかし、終戦直後は資材不足や労働力不足で線路の復興は容易に軌道に乗らなかった。荒廃した線路の復元に本格的に取り組んだのは昭和二三年（一九四八）ごろからだった。

工手長になりたいという大西の悲願は、そのあいだも消えることはなかった。工手長になれる資格をとるために、二〇人に一人の難関を突破して広島鉄道教習所専修部土木高等科に合格、昭和二三年（一九四八）五月、同所を修了して、まず三津内海線路斑、線工副長に任命され、翌二四年（一九四九）、遂に線路工手長となった。

「工手長になって、最初の給料で時計を買いましたよ、月賦で。懐中時計です。時計は必要でしたもんのう」

以来、昭和四一年（一九六六）に三原保線区土木作業長となるまで、工手長でありつづけた。同四九年（一九七四）には海田市保線区呉保線支区計画助役となり、同五二年（一九七七）四月、参事補を最後に国鉄を定年退職したが、そのあとも関連企業の社員として同六一年（一九八六）まで現場に出て、保線に従事した。

「線路工手は土方にあらず」

昭和一〇年（一九三五）刊行の『保線現業』に、当時の鉄道省工務局保線課長が記したことばがある。同誌には「線路工手執務の心得」も掲載されている。

「日夜瞬時も休むを得ざる鉄道の不断の運転は、線路の安全が保たれて初めてできるのである。この線路の安全を保つ職務に属する線路工手は、その配置された人員より割合を見るときは、一人が少なくとも五万円（現在なら五〇〇〇～六〇〇〇万円に相当）の財産に相当する鉄道を預かり、その肩には貴重なる人命と貨物との安全がかかっている。まことに名誉なる国家的職務である。而《しこう》してその作業は緻密にして、一六分の一インチ（約一・六ミリ）よりもまだ小さい狂いを直し、軌条やマクラギなどを注意して、法に適った使用をなし、あるいは重大な警戒の任につくなどするのであるから、常によく規則をわきまえ、工法を研究し、作業をしっかり励まなければ立派に職務を果たすことができないのである」

盆栽を手入れするにも似た入念な作業

工手長となった大西は毎日、線路斑一パーティが担当する線路の上を一〇キロ歩いて巡回した。その目は二ミリか三ミリのごくわずかな曲がりやひずみをとらえた。耳は*遊間《ゆうかん》の狂いに反応した。

軌道の「通り」と「水準」は力学的研究や長年の実験に基づいて正確に敷設されている。通りというのはレールが延びている横方向、水準は左右レールの高さの差、遊間はレールの継ぎ目の隙間のことである。いまでは直線部はほとんど継ぎ目なしのロングレールが使われているが、当時は一本の長さが二〇メートルのレールを用いていた。継ぎ目のところを通過するたびに、列車はガタンゴトンと音を立てた。また鉄製のレールは気温によって伸び縮みする。夏の炎熱にさらされると、レールが伸びて浮き上がったり、ヘビのように蛇行する。震動でレールの継ぎ目のボルトが折れることもある。列車の通過によって、狂いは自然に発

＊遊間：レールとレールとの継目にあける隙間。レールの温度伸縮や地震に備える。

生する。いわば鉄道の宿命ともいえるものだ。

毎日の巡回や、ときにはレールの上にかがみこんでの「拝見」、あるいは列車の運転士からの通報などによって狂いが発見され次第——その狂いは在来線で一〇メートル中七ミリの曲がり、七ミリのひずみに過ぎないが——、線路工手は直ちに現場に出て補修作業にあたる。犬釘を抜き、レールをはずし、バラストを突き固めて（ひずみのある箇所のバラストを寄せ集めるようにしてマクラギの下に押し込む）軌道を修復する。

年に一度、保線状況の審査がある。その前になると、工手たちは道床の肩部のバラストをきちんと並べ、法面《のりめん》上部の、犬走りと呼ばれる狭い平面には、草一本、石ころ一つない状態に整備した。さらに側溝（当時は石づくりだった）をたわしで磨きあげた。ときには妻や子も手伝い、家族ぐるみ総力をあげて取り組んだ。それはまるで盆栽を手入れするにも似た入念な作業だった。

保線技術者の「目」と「耳」、「カン」が一番底辺で鉄道を支える

「一度ばかりあわてたことがありましたのう。毎朝、駅でダイヤを見て時計を合わせてから仕事にかかるんやが、あのときは臨時列車が出るのをノートにつけ忘れたんかのう。カーブのところで低い方に合わせて、水準器*を見ながらカント*を付けるために外側のレールをは

＊水準器：水平または鉛直に対する角度や傾斜を確認する器具。
＊カント：軌道や道路の曲線部（カーブ）で、外側のレール、路面を内側より高くする高低差。遠心力で車両が外側に押し出されるのを防止する。

ずそうと犬釘を抜いてしもうたんや。そこへ臨時列車がきて、わしら、あわてて逃げたんやが、脱線はしなかったが、ガタガタガタッと揺れて、ほんまに肝冷やしましたのう」

大西は表情に苦笑をにじませた。

「脱線させたことはないけど、脱線させられたことは何度かありますのう。子どもがいたずらでレールの上に石を置いたりしてのう。脱線したけど、けが人が出んかったし、一度は貨物列車やった。あのころは、そんなことがあっても、警察にもいわんやった。いうても、現行犯やないと、警察も相手にしてくれんかった。いまとは時代がちがったのう。退職して何年にもなるけんど、いまでも脱線事故のニュースを見ると、ああ、またやったかと思いますのう。他人事としては聞けんです」

保線工事が終わると試運転列車が通る。線路際に並んで見守る工手たちに、ありがとうというように運転士が汽笛を鳴らして通過し、支障がないのを確認したとき、思わず「バンザイ」が出る。

「そんなときにゃあ、線路工手になってよかったと思いますのう。好き好んで入った仕事やけんのう、大事にやらにゃいけんのうと思いました。保線は男の仕事ですけんのう。レールは生きてますけん、常にていねいに面倒みて、可愛がってやらんと大病するけんのう。なにしろ、線路の上を走る列車の重さは、何トンくらいあるかねえ。一〇〇トンか……、新幹線なら一編成で七〇〇トンくらいはありますのう。それに引き換え、レールの狂いはミリ単位で保守せにゃいけん。まさにトンとミリの闘いですのう」

いまでこそ線路はコンピューターや機械を駆使し、理論的につくられている。しかし、むかしは何もなかったのだ。すべてが経験則、ベテラン保線技術者の「目」と「耳」、そして「カン」に頼るばかりだった。区間のどのあたりに問題があるかということも熟知したうえで、あらかじめ手を打っておくのも工手長の仕事のうち。線路工手が心の裡に秘めているのは、一番底辺で鉄道を支えているという誇りなのだ。

仕事に誇りを持ち、黒子に徹した「いぶし銀の人生」

「昭和三一年（一九五六）ごろじゃったかのう。安芸津《あきつ》〜風早間の高野川に架かるカーブした橋梁の橋桁交換の準備をしているときじゃったのう。橋桁をトロに載せるためにジャッキであげていたら、足場が悪かったのか、一カ所のジャッキがすべってのう。橋桁もろとも作業員が二人、川底に転落してのう。あんときは、二人殺してしもうたと、ほんとに肝を冷やしましたわい。おおいそぎで助けにいったら、二人とも軽いけがをしただけやった。胸をなでおろしましたよ」

線路作業でのいたましい死亡事故の大半は触車（列車に轢かれること）と転落事故であるが、大西は鉄道生活四十七年間に、自分の仲間から一人の犠牲者も出さなかった。そのことをいちばんの誇りとしている。

戦中、戦後の資材、労働力不足、加えて技術力の不備で、ビーターやバールによる保線の手作業は昭和三四年（一九五九）ごろまでつづいた。戦争産業に没頭した電気や機械などの大メーカーが、戦後は平和産業に転換し、作業機械の開発が進められると、保線の現場にも、それまでビーターをふるい、手作業で行っていたバラストの突き固めに動力式タイタンパーが導入された。先端に直径六センチほどの金属の錐が付いたもので、振動で砕石を突き固める。

「はじめのうちは大きなタンパでのう」

と大西は当時を振り返る。

棕櫚の蓑笠はゴムの雨合羽に、地下足袋はつま先に金属のガードが付いた重い編上げにと姿を変えていった。

軌道は木のマクラギに代わってコンクリートマクラギを採用、レールの締結方式は犬釘からバネによる弾性締結に、二〇〇メートル以上の直線区間はロングレールにするなど、次第に強化されていった。

保守も近代化された。マルチプルタイタンパー（略してマルタイ）が導入された。レールの上をゆっくり走るあいだに、レールとマクラギを持ち上げ、バラストを突き固める作業車は、四人一組で一時間に二〇メートルという人海戦術の保線だったのだが、一時間に四〇〇メートルを可能にした。

それでも分岐器や信号ケーブルが横断している箇所は、人間の手作業でなければできない。線路工手の独壇場だ。トコショットの掛け声に合わせて保線音頭が流れ、数人の工手がビーターを振りあげる保線風景はもはや完全に過去のものとなったとはいえ、一人の工手が両手で操作するタイタンパーは、現在でもなお、最もベイシックな保線作業なのである。

こうして昭和三六年（一九六一）ごろには資材、労働力ともに充足、昭和四三年（一九六八）一〇月のダイヤ改正時には全線の保守が完了した。

「安全」と「乗り心地」を満たし、騒音をなくさなければ、高速運転は不可能だ。新幹線の場合、運転士が少しの揺れを感じただけで、すぐさま「徐行」がかかり、安全のために二重三

現代の保線工事を取材する著者。

重のチェックが行われる。東海道・山陽新幹線の延長は一一〇〇キロに及ぶが、そのどこかで、毎夜、終列車と始発のあいだのわずか五時間余りの時間帯に、数十パーティ、三〇〇〇人近い線路工手たちが保守に入り、四〇メートル中七ミリの狂いを修正している。「線路を線路と感じさせないように……」、それが黒子に徹した保線マンの仕事なのだ。

大西には新幹線の保線の経験はない。だが、なりたくて、なりたくてなった線路工手だった。いまでも遊間には耳が反応してしまう。線路際を歩けば、線路に生えている雑草を抜く。線路に愛着を抱き、線路工手の仕事に誇りを持ち、黒子に徹した。そこには生涯一線路工手のいぶし銀のような人生がある。

松嶋　久光

（まつしま　ひさみつ・一九二五〜二〇〇二年）

仲間とともに生きる立山砂防のヌシ

「どうしてそんなに暴れるがや。
どんなに人間が苦労しても、
おまえが暴れるとひとたまりもないちゃ。
それでも、わしらは砂防をやめんぞ。
おまえをねじ伏せることは、
人間の力ではできんちゃ。
けど、わしはいのちの限り、
おまえと仲良くしていく方法を見つけるぞ」

高山植物を愛で、自然を謳歌しながら、年間一五〇万人の観光客が訪れる立山アルペンルート、だが尾根ひとつ隔てたところに展開する光景は、自然の脅威をあらわにむき出した山の崩壊現場に一変する。がっぽりとえぐりとられて、すり鉢のような赤茶けた地肌をむき出した山塊と、川床一面に大小の土石を撒き散らした常願寺川上流。そしてそこで営々と行われている砂防工事――。ブルドーザーもショベルカーも、大型ダンプカーでさえも、ごま粒のように見えてしまう大自然のなかの現場。瑞々《みずみず》しく彩られた周囲の峰々とは対照的に、乾燥しきったカルデラ*は、工事の音まで呑みこんで、静寂が辺りを制す。ケシ粒のようにしか見えない人間と、崩れの山の闘いが終わる日はくるのだろうか。

ここに工事に従事して五〇年、立山砂防のヌシと呼ばれている男がいる。野武士のような鋭い眼光、頑健な体と強い腕っ節、そして海のように深い包容力の持ち主である。

精悍な風貌に親分肌の気風のよさで現場をまとめる

松嶋久光は大正一四年（一九二五）三月二一日、森孫次の四番目の子（男五人、女五人の一〇人兄弟）として立山町に生まれた。地元の小学校を出たあと、裸一貫で肉体労働の世界に飛び込んだ。最初の仕事は道路工事だった。一八歳のとき満州に渡り、二年間奥地で働いたあと日本に戻り、九州の小島で終戦を迎えた。

＊カルデラ：火山活動によってできた広くて大きなくぼ地。

「養子に行くところ、ないかな。財産のない家がいい」

声を掛けておいた知り合いが紹介してくれたのは、隣村に住む一歳年下の松嶋ユキミだった。二二歳でユキミと結婚した森久光は、松嶋家の養子となり、松嶋姓を名乗ることとなった。

滝のように流れが速い暴れ川、常願寺川沿いに生まれ育った松嶋は、土石流の被害に苦しめられてきた地元民の暮らしを日常的に見聞きしていた。同時に大正一五年（一九二六）から内務省の直轄で進められている立山砂防工事は身ぢかな存在であった。

安政五年（一八五八）に起こった直下型大地震で大鳶山が崩壊し、立山カルデラ内には富山平野を二メートルの厚さに埋め尽くすほどの土砂が溜まっている。地震や洪水などでこの土砂が流されると、下流地域で大災害が生じるため、国が砂防工事を行っていることは、幼いころから何度も聞かされていた。故郷の立山町で所帯を持った松嶋が、下流域の人びとを災害から護るべく砂防工事に身を投じたのは当然のなりゆきでもあった。

キティ台風が襲来した昭和二四年（一九四九）秋、常願寺川下流の堤防決壊は延長一一〇〇メートル余に及び、本宮砂防ダムの第二副ダム*は根元の洗掘によって流失した。その復旧工事に狩り出されたのが、以来五〇年に及ぶ立山砂防工事との深い縁のはじまりとなった。建設会社からの依頼を受けた松嶋は、三〇人の作業員をまとめ、世話役として現場に向かった。戦時中の中断から、ようやく再開したばかりの工事現場だった。機械力はほとんどなく、大部分を人力に頼っていた。大きい石にワイヤーをかけ、担い棒を通して二人で担いで移動

*副ダム：洪水吐（洪水時などにダムの安全を確保するための放流設備）から放流された水の勢いを弱めるために、ダムの下流側に設けられる低いダム。

させたのち、コンクリートを打って九〇・八メートルの川幅いっぱいに階段式副ダムを構築した。

六カ月を費やした復旧工事のあと、さらに上流の鬼ヶ城砂防ダム工事が待っていた。敗戦から日が浅く、人びとの心も荒《すさ》んでいたのだろう。作業員たちは山にあがるとすぐ焼酎を飲んでは、薪を振りあげ相手の頭をかち割ったり、のこぎりの背で切りつけたり、切ったはったのけんかが絶えなかった。その仲裁役が松嶋だった。精悍な風貌に親分肌の気風のよさ、いのち知らずの血気にはやる若い衆を前にして、一歩も引かない度胸ひとつの松嶋は、わずかのうちに、だれからも頼られる存在となっていたのだった。

しかし松嶋は、現場の雰囲気をいつまで

本宮堰堤（富山県教育委員会、撮影：大村拓也）

もそういう状態におくべきではないと考えた。けんかのエネルギーを発散させる方法として考えついたのが、一年に一度、山でまつりを催し、各班ごとに二つずつ演《だ》しものを行うという計画だった。踊り、民謡、芝居、それに太鼓や三味線、唄のけいこで、もはやけんかなどしている暇もなく、まつりの日には全国各地の地方色豊かな演しものでにぎわうようになった。荒んだ心を抱いて、やむを得ず山の中に職場を求めてきたもの、季節だけ仕事をしにくる労務者たち、立場は違っても、いったん立山へきたからには、ひとつの目的に向かって、仲間が力を合わせて暮らしていくことの意味を、松嶋はわからせたかった。

昭和二八年（一九五三）、松嶋建設を設立した。同時にかねてから念願の宿舎を水谷平に持つことができた。水谷平は建設省（現国土交通省）立山砂防工事事務所が置かれている千寿ヶ原から高低差約六〇〇メートル、延長距離約一八キロにある前線基地で、そのあいだには砂防専用軌道が敷かれて、資材や作業員輸送用のトロッコが走っている。

しかし、当時のトロッコ軌道は右岸の崖っぷちに取り付けられており（現在もあまり変わらないが）、レールも一メートルあたり六キログラム（現在は一五キログラム）というか細いものだった。しかも大土石流が起こると、その都度渓谷沿いの土地が削り取られた。ある日、車輪がレールからはずれ、脱線転覆した。はずみで松嶋はトロッコから放り出された。次の瞬間、松嶋は木の枝につかまり、宙ぶらりんになっていた。トロッコは千尋の谷底へ落ちていった。

「そのとき腕の骨を折ってて、首から吊ってたんだけど、歩いて山を降りていたら、行き交うひとがみな、驚いた顔をするんだな。顔面裂傷で血だらけになってたの、自分じゃ気がつかなくて。あのときは、九死に一生を得た」

この当時はいまよりもひんぱんに土石流が起こった。雨が降ると三〇分後には土石流が襲うことを現場の知恵で学んだ。普段は流れている川の水が止まる。崩れた大岩が上流のどこかで水を堰きとめている証拠だ。そうなると弁当を忘れたのもかまわず、みないっせいに山の方へ逃げた。間髪を入れず、どーっと土石流が襲う。巨岩がぶつかり、火花を散らして落ちてくる。肝のつぶれそうな恐ろしい土石流が五分ばかりつづいたあとには、渓谷のいたるところに、その爪あとが残されている。

「わしが行く」。ロープを体に巻きつけ、救助のために雪壁を走り降りる

立山砂防工事関係者が松嶋久光を語るとき、それから三〇年余り経ってなお、深い感銘を伴って口にされる出来事がある。

ひとりの作業員がブルドーザーで除雪作業中に、ブルドーザーごと崖から転落し、途中の落石と雪のあいだにかろうじて止まるという大事故があった。ドーンという音を耳にした途端、事故を直感した松嶋は、即座に車を運転して事故現場近くに駆けつけた。上の道路には

何人ものひとが集まっていたが、雪解けで落石がひどく、転落した作業員を救助したくても、危なくて二の足を踏んでいる。二重遭難の恐れもある。それを見て、松嶋は「わしが行く」と、ロープを体に巻きつけるやいなや、ばらばらと落ちてくる石を巧みにかわしながら、雪の壁を走り降りた。

転落したのは他社の社員だった。しかし松嶋には、自社も他社も区別なく、砂防現場で働くものはみな仲間だという思いがある。仲間を助けたい一心が松嶋の体を突き動かしたのだ。その勇気に動かされて、何人かがあとにつづいた。

雪に半分埋まっているブルドーザーのなかに体を突っ込んで作業員を引っ張り出した。すでにこときれているようだったが、松嶋はその男を背負い、雪の壁を登った。崖の上でロープを引き上げる男たちから感動の声があがった。対岸の水谷平出張所では砂防工事事務所の職員が双眼鏡でその一部始終を見守っていた。松嶋が雪の壁を登る姿を目にしたとたん、その目に大粒の涙が噴きあげた。

このときの事故の大きさを物語るかのように、いまも錆びついたブルドーザーの残骸が現地に残っているという。

何人もの仲間が天涯を護るための工事中にいのちを奪われている。

「どうしてそんなに暴れるがや。どんなに人間が苦労しても、おまえが暴れるとひとたまりもないちゃ。それでも、わしらは砂防をやめんぞ。おまえをねじ伏せることは、人間の力ではできんちゃ。けど、わしはいのちの限り、おまえと仲良くしていく方法を見つけるぞ」

松嶋はいくたび目の前の暴れ川に語りかけたことか。

幸田文さんが感じ入った野武士の人柄

作家の幸田文さんが立山連峰のうちのひとつ、鳶山《とびやま》の崩壊を見学に訪れたのは昭和五一年（一九七六）一〇月、七二歳のときだった。幸田さんはふとしたきっかけで山梨県大谷嶺の崩壊を目にし、それから日本各地の山の崩壊に関心を持つようになった。

「ここ（立山）は砂防のメッカといわれる難所であり、崩壊も荒廃も凄まじいものだときいている。（中略）今迄に想像したことすらない、大自然の威力に見参できるのだと思うと、なけなしの勇気もひとりでに絞れ出てきて、見て、書いて、わが住む国にはこういう山、こういう川があり、人はそこへどう応じているかを、伝え、訴えることができたらと思う」と、幸田さんは『崩れ』（講談社）で述べている。

幸田さんは立山砂防専用軌道、通称立山トロッコに揺られて四二段ものスイッチバックを経て、標高差六〇〇メートルの水谷平に登った。そこで待っていたのが松嶋だった。水谷平から先は道もなく（いまは車が通れる道路が整備されている）、歩く以外に鳶山崩れを間近に見あげる場所まで行く方法がない。脚の弱い幸田さんを背負うように、松嶋は建設省（現国土交通省）工事事務所から依頼されていたのだった。その日、松嶋は背負紐を用意していた。

幸田さんは書いている。

「真新しい大幅の白モスリン*である。わざわざ用意したものであることはすぐわかる。私は老女で目は確かではない。だが、その大幅のモスリンの裁ち目がきちんと三つ折ぐけに仕立てられているのは、見逃さなかった。お宅の方か、あるいは誰か、とにかくおんなのひとの手をわずらわせたものであることは確かだった。これはまことになんという心づかいか。行き届くというか、ありがたいというか、拝謝して五二キロの重量を負うて頂くことにして、前進した」

松嶋の人柄を、老女流作家はひと目で見抜いたのである。

常願寺川があばれあばれて流下した河原は、大小さまざまな岩石が底知れず堆積し、しかもかなりな急傾斜を形づくっているところだ。五二キロを背負い、松嶋はひょいひょいと、のしのしと山を登った。そして足場のいい、平らな場所を探してから、背負ったまま幸田さんを腰かけさせ、かがんでうしろ手に幸田さんの足首をつかんで土につけ、「さあ立ってもいい」といった。こわさに緊張し、背負われて山を登ってきたものが、いきなり地面に足をおろせば、バランスを失って前にのめるかもしれない。野武士のような目を持った男には、そこまで見透す配慮がはたらくのだ。

*モスリン：羊毛や木綿を平織りにした薄くてやわらかな織物。

山を知り尽くし、いのちを賭けて砂防工事にいそしむ「立山砂防のヌシ」

水谷平から小さなトンネルを抜けたところ、標高一一〇〇メートルの崖っぷちに二〇人ほどが入れる露天風呂がある。コンクリートで固めた洗い場には上がり湯の蛇口も並んでいる。大自然を丸ごと我がものにできる「天涯の湯」だ。

「ぼちぼち引っ張ってきたちゃ」

松嶋はことともなげにいう。

湯元は一六〇〇メートルも離れた対岸にある。現場で働く作業員たちに、ゆったりとくつろげる温泉をつくりたい。それもみんなが入りやすいところにと、松嶋は直径六センチほどのポリエチレン製の黒パイプをつないでは延ばし、つないでは延ばしてきた。湯元で七五度の熱い湯が、「天涯の湯」にとどくころには四二、三度の湯加減になっている。

山への愛着と、そこで汗する作業員への思いが、どのようなことでもしようという気持ちを起こさせるのだろう。引き締まったからだと目配りが物語っている。

「山はいつ怒ってくるかわからん。みんな災害のこと忘れとるけど、これで安心ということはないいちゃ。わしはいつも、気ぃひきしめとらんとあかんと思うとんのや」

常願寺川のあばれを肝に銘じ、山のこわさとやさしさ（山ウドやコゴミなどの山菜が自生する秘密の場所がある）を知り尽くし、人びとの生命を護るために英知の限りを注ぎ込み、いのちを賭けて砂防工事にいそしむ男。いや、彼の場合は砂防工事を陰で支えつづけてきた男という方がふさわしいかもしれない。松嶋久光が「立山砂防のヌシ」と呼ばれて久しい。

吉田 巖

（よしだ いわお・一九二六年〜二〇一九年）

明石海峡を横断する夢の吊り橋

「実現は可能だが、技術はいまのところ、
まだ熟成していませんね。
時間と金を投入して
技術をアップさせたい。
技術的にむずかしいから
止めようというのはダメ。
必要性の議論をすべきなのです。
必要性のあるところに
必ず技術がついてくるのです」

明石海峡大橋、吊橋支間（主塔間の距離）一九九〇メートル、それまで世界最長支間を誇ったデンマークのグレートベルト橋より三六〇メートルばかり長い吊橋が完成したのは平成一〇年（一九九八）四月のことだった。大きさだけが技術を誇示することにはならない。しかし、うず潮が逆巻き、強風が吹きつのり、海底の地質は基礎を置くに最適のものとはいえず、そのうえ地震多発国の海上に、これほど巨大な吊橋を建設したことにより、日本の橋梁技術が世界で一流であることを証明したのは事実である。本州四国連絡橋公団にあって架橋に従事した吉田巖は述懐する。

「大きな吊橋は平和のシンボル。その仕事をさせてもらって、私の橋架け人生は幸せだった」

病気のため第一志望の国鉄を断念。恩師の一言で建設省へ

吉田巖は大正一五年（一九一六）六月二三日、東京都世田谷区に清、やゑの長男として生まれた。軍人であった父のあとを継ぐことに一片の疑いもなく、昭和一六年（一九四一）、仙台陸軍幼年学校に入学、さらに士官学校予科を卒業し、本科生となったところで終戦を迎えた。

東京大学第二工学部（時節柄、優秀な技術者を多く養成する目的で、東京大学には昭和一七年（一九四二）四月〜二六年（一九五一）三月までの九年間、二つの工学部が併設され、

第一は本郷に、第二は千葉に置かれていた）に進学したが、二年の夏から胸を病んで、三年間の休学を余儀なくされた。快癒して復学したときには第二工学部が廃止となっていたため、本郷へ通うことになった。

卒業論文にとりかかる段になって、体力の限界に当面した。実験や外業を伴うものは、病後のこともあって体力的に自信がない。迷っているときに、平井敦教授のひとこと。

「アーチの計算をしろ」

それだけだった。どこに架ける橋とかの説明は一切なかったが、これが平井流だと納得した。アーチの計算というのは、上路橋（アーチの上部に桁がかかった橋）を下からトラス型固定アーチで支える場合に、どれくらいの力がかかるかという応力の計算をすることで、アーチの大きさを決めるものである。この当時、事例がまったくなく、吉田は明けても暮れても教室でタイガー計算機*を回し、それをまとめて卒業論文とした。

昭和二八年（一九五三）、東京大学を卒業、国鉄を志望したが、体ではねられ、私鉄に合格した。軍人であった父は終戦の年の六月に沖縄で戦死し、吉田の肩には母と三人の弟妹の生活がかかっていたから、給料のよい私鉄に入りたかった。ところが、

「建設省へ行け」

またもや、平井教授のひとこと。私鉄をあきらめ、建設省（現国土交通省）に入省、九州地方建設局伊の浦工事事務所に着任した。

＊タイガー計算機：大正12年（1923）に発売された機械式計算機。手動で数字を設定し、ハンドルを回して計算を行う。

着任早々日本初の海を渡る長大橋「西海橋」の計算を任される

声にならない驚きの声をあげて、吉田は村上永一伊の浦工事事務所長の机の上を凝視した。机の上には吉田が大学で手がけた「応力計算書」が広げられている。

「現場の条件が変わるに従って、計算をやりなおさなくちゃならん。きみ、やってくれ」

入省の挨拶にきたにすぎない新任職員の吉田にむかって、村上所長は命じた。平井教授にいわれるままアーチの計算をしたのだが、吉田はそれがどこに架けられる橋であるかも知らされず、まして現場を見たこともなかった。アーチの形をもう少し平らにするとか、もう少し太鼓にした方がいいというようなことは、現場の条件に応じて決められる。新任地はまさにその現場だったのだ。

着任の挨拶もそこそこに、吉田は所長の机でタイガー計算機を回した。厳密にいえば、その日の昼食に親子どんぶりをたのんだのだが、待つ間も惜しくタイガー計算機と取り組んだのだった。

長崎県伊の浦の瀬戸に架けられた日本初の海を渡る近代的長大橋は、昭和三二年（一九五七）の開通と同時に「西海橋」と命名された。そのアーチ橋は、基本的に吉田の計算に基づいている。

「学生時代には、教授にいわれてしていたことが、将来、自分の仕事となるだろうなんて、まったく想像もしませんでしたね。人の組み合わせを感じます。技術者としては考えられないくらい幸せなスタートでした。周囲が場所を与えてくれ、未経験な新卒であるにもかかわらず、適当にアドバイスしてくれて、やらせてくれました。そしてそれが私の橋を仕事とする人生の始まりでした……」

と吉田は回顧する。平井教授が意図して敷いた路線というほかない。

ねがいかなわず下部工担当を命じられる

昭和三〇年（一九五五）の暮、北九州市の現場へ異動した。そこは日本で初めての本格的吊橋、若松と戸畑を結ぶ若戸大橋建設現場だった。

吉田は上部工（主塔から上の部分）を担当したいと内心ねがっていた。しかしねがいはかなわず、下部工（橋脚から下の基礎部分）担当を命じられた。吊橋の下部工がどんなもので、ケーソン*の何たるかも知らないまま、基礎の世界に入ることになったのである。

大型のケーソンを設計し、施工計画を立てるのに参考となるものはほとんどなかったから、技術雑誌に掲載されていたサンフランシスコのゴールデンゲート橋や、オークランドベイ橋を手本にして基礎のイメージを描いたり、舞鶴軍港に建設された燃料タンク用の大型ケーソ

＊ケーソン：コンクリートや鋼鉄でできた大きな箱状あるいは円筒状の構造物。基礎工事や港湾工事に用いられる。水の流入を防ぎ、内部で人が作業することができる。

ンの図面を参考にしたりした。

「苦労して設計し、工事費をはじいて発注し、業者が決まる。受注した専門業者が図面を見て、『監督さん、手を入れるところはありません。このまま施工させてもらいます』といってくれたときは、心底うれしかった」

戸畑側の基礎には鋼製ケーソンとプレパックドコンクリート*を使うことにしたが、新しい知識を入手するために三菱下関造船所や運輸省の横浜港の工事を見学に行った。特定の先生はいなかったから、なにもかも自分で情報を集め、勉強していくしかなかった。すべてを独りでするため、失敗もずいぶんした。戸畑側の鋼製ケーソンを下関から戸畑へ曳航する途中で、ガリガリと海底をこすって冷や汗をかいたこともあった。ケーソンを留める深さを決めるのには、自ら二キロの気圧のケーソンに何度も入って載荷試験を行うなど、苦労を重ねた。結果が出たときはほっとしたものだ。

「夢のような話」を実現させるため、基礎工の調査を担当

舞子の海岸から瀬戸内海と、その彼方に浮かぶ淡路島を眺めたのは昭和三一年（一九五六）の夏のことだった。明石海峡をまたぎ、淡路島を経て四国へ架橋するという原口忠次郎神戸市長の構想を何かの記事で読んでいた吉田は、初めてその現場を目にし、海上四〇〇〇メー

＊プレパックドコンクリート：あらかじめ型枠内に粗骨材を入れ、モルタルを流し込んでつくるコンクリート。

トルに橋を架けようとするプロジェクトを夢のように感じたのだった。

「若戸大橋の支間は三六七メートル、世界最大の吊橋、ゴールデンゲート橋の支間は一二八〇メートル、アメリカの技術に追いつけば可能かもしれないが、それにしてもここに橋を架けるのは、橋架け専門の技術者が考えても夢のような話としか思えないなあ」

しかし、この構想が夢で終わることはなかった。それから五年後の昭和三六年(一九六一)、吉田は建設省(現国土交通省)土木研究所勤務となり、本州四国連絡橋の基礎工の調査を担当することとなった。そして同三八年(一九六三)四月、神戸市内に建設省の調査事務所が開設され、土木研究所に基礎調査室が発足し、長大吊橋の基礎を勉強するグループが誕生すると、その責任者となり、本州四国連絡橋の基礎を置く地盤をどこに求めるかという最大の問題に取り組んだ。地震、風、加えて潮流の激しい海の中に基礎を構築しなければならない。こうしたきびしい自然条件を克服するために、長期にわたる調査・研究が求められていたのだ。

本州四国連絡橋は神戸ルート、岡山ルート、そして尾道ルートの三ルートが考えられていた。この当時の技術常識では巨大吊橋の橋脚はしっかりした岩盤の上に置くべきものとされており、その点で岡山、尾道ルートは海底に花崗岩が出ていて問題はなかった。

神戸ルートの場合、大鳴門橋のサイトには和泉層と呼ばれる岩盤が出ている。しかし、明石海峡では淡路島側では花崗岩の上に基礎を置くことができるが、海峡部は神戸層と呼ばれる軟岩や、明石層という砂利層のやわらかい堆積層でおおわれていた。しかも花崗岩までの堆積の層は厚かった。こうした地盤を利用する場合の支持力や変形特性の究明が、吉田をキャップとする基礎研究グループに科せられたのだった。

昭和四五年（一九七〇）には本州四国連絡橋公団が発足した。本社設計第三課長の辞令を受けたとき、基礎工の調査にかけた長い時間と苦労の積み重ねに思いを致し、吉田が、やっとスタート台に立ったという思いと同時に、いよいよこれからやるぞ、という感慨を併せ持ったのは当然のことというべきだろう。若戸大橋で培った技術、そしてつくりあげた吊橋の基礎理論を実践に移す舞台の幕が開けられようとしているのだ。

昭和四八年（一九七三）一一月、三ルート同時着工に向けて、公団は鋭意準備を進めていた。

オイルショックによる突然の中断

大鳴門橋の起工、大三島橋の着工はすでに決まり、坂出ルートの着工同意に向けて懸命の努力を重ねていた矢先の一一月二〇日、青天の霹靂のように着工延期の指示が公団に届いた。オイルショックによる石油価格の高騰、そして狂乱物価は本四連絡橋にも多大の影響を与えたのだった。事業は無期限に凍結された。「怒りに似た悲しみ」に襲われたのは吉田だけではなかった。当事者全員がやり場のない怒り、耐えようのない悲しみの坩堝《るつぼ》に投げ込まれたのだ。だが、それが時勢というものだった。

「工事再開になったら、すぐ帰ってこいよ」

と餞《はなむけ》の言葉とともに吉田が送り出されたのは建設省（現国土交通省）宇都宮国道工事事務所。入省以来、橋の仕事しかしたことのない吉田が、いきなり道路を扱う事務所の所長となった。

「人生列車がちょっと側線に入った」

と吉田は表現しているが、国会議員との対応、工事発注、地元協議、道路計画、舗装の勉強など仕事は山積していた。

着工延期指令から一年九カ月、瀬戸大橋と大三島、大鳴門、因島三橋の凍結解除が決まった。公団に戻った吉田は設計第二部長となり、昭和五三年（一九七八）一月、工務部長に、翌年七月には第二建設局（事務所は岡山、瀬戸大橋建設担当）局長に任命された。昭和六三年（一九八八）春完成が至上命令だった。

日本の吊橋技術を自力で世界一流にまで高めた自負

昭和五九年（一九八四）二月、吉田は本州四国連絡橋公団常任参与となり、明石海峡大橋の設計の取りまとめにあたることになった。いよいよ、明石海峡大橋に直接関係することになる、と身が引き締まる思いを抱いたのは、三〇年近く前に舞子の海岸から海峡を隔てた淡路島を眺め、夢のプロジェクトに技術者として心を揺さぶられた思い出と重なったからであろう。

「橋脚建設予定地点を決めるに際して、幅広くルートをさぐることになった。比較の結果、舞子〜松帆ルートが一案として登場したが、そこには岩盤が露出していなくて、神戸層や明石層があり、その力学的性質を調べる必要が生じた。橋脚はしっかりした岩盤の上に、という当時の常識を覆す調査はたいへんだったが、忍耐強い地道な調査が実って、いまのルートが誕生することになる」

と吉田は回想する。

ルートが決まって、吊橋支間の決定作業に入った。設計の結果、支間二〇〇〇メートル前後に経済上の極小値が存在することがわかった。明石海峡の航路幅は一五〇〇メートルと海上保安庁の規則で決められている。橋は斜めに海峡を渡るので、その長さは一五〇五メートルとなる。航路の端から二〇〇メートル離して直径八五メートルの円形ピア（主塔）を建てる場合、支間は一九九〇メートルとなる。世界最長だ。

技術者のなかからは、この際区切りのいい二〇〇〇メートル支間にしたいという意見が多かった。だが吉田はそうした希望を容れようとはしなかった。

「二〇〇〇メートルが最終目標なら、そうしよう。だが、将来いつか、三〇〇〇〜三五〇〇

○メートル支間の吊橋を架けたいと思うだろう。一九九〇メートルを架けられたら、二〇〇〇メートルは可能だ。しかし、一九九〇メートルができれば、三〇〇〇メートルも可能だとはだれにも考えられない。なら、それに向かってトライすべきだ。一九九〇メートルは三〇〇〇メートルに対する一里塚なのだ」

というのが吉田の見解だった。橋梁技術者として、吉田の描く夢はさらに遥かなものだったのだ。

明石海峡大橋の支間は一九九〇メートルで建設されたが、完成時、それは一九九一メートルとなった。平成七年（一九九五）一月一七日の阪神・淡路大地震で海底に亀裂が入ったか、あるいはそれが神の配剤か、結果として一メート

明石海峡大橋（本州四国連絡高速道路株式会社）

ル延びたのである。マグニチュード七の地震に際して、橋はびくともしなかった。ちょうどピアに桁を吊るワイヤーロープが架かったばかりのときだった。そのためピア自体は微動もしなかったのだ。「磐石の思い」を、吉田は持った。

「地震のとき、橋がどうだったという心配は一切なかった。ひとにも、どうだった？　とたずねなかった。大丈夫という自信があったから。この四〇年のあいだに吊橋技術を世界一流にまで高めることができた。それを自力で達成したことを誇ってもよいと思う。明石海峡大橋の技術をベースとして、創造性に満ちた、経済性の高い、競争力のある技術の追求は、二一世紀の若い日本の橋梁技術者にとって最大の使命といえるだろう」

北海道架橋へ、吉田は夢を馳せる。津軽海峡の最短距離は一七・五キロ、水深は約二五〇メートル。

「実現は可能だが、技術はいまのところ、まだ熟成していませんね。時間と金を投入して技術をアップさせたい。技術的にむずかしいから止めようというのはダメ。必要性の議論をすべきなのです。必要性のあるところに必ず技術がついてくるのです」

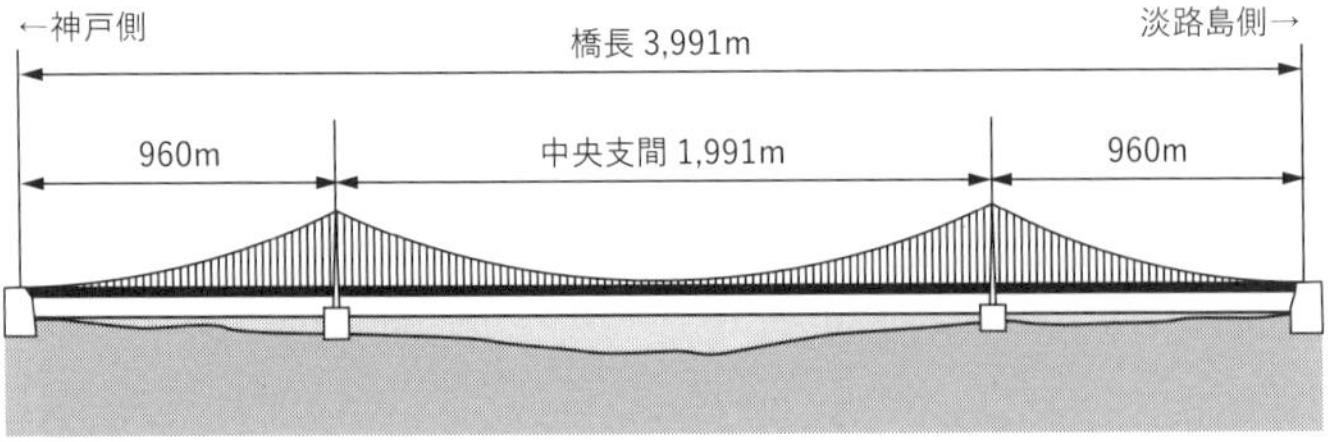

明石海峡大橋側面図（本州四国連絡高速道路株式会社 HP より作成）

三〇〇〇メートル支間を持つ連続吊橋と二五〇メートル水深での橋脚建設、次の世代に向けての希望をつなぐ。

「函館の外れ、立待岬に立つと海峡が見える。青森側の大間崎から北海道側の汐首岬までおよそ一八キロ、そこに橋が誕生する。思ってみただけでも胸が躍る。それまで生きているとは思えないが、開通式には車椅子を押してあげますから、長生きして下さいとまでいわれると、涙が出そうになる」

高橋 裕

（たかはし ゆたか・一九二七年～二〇二一年）

川と水を知り尽くした河川技術者

「昔に戻ればよいといっているのではない。
物質的生活水準の向上とともに、
自然との共存協調を乱さない方途を見出し、
文化生活水準も保存し高めることこそ、
これからの建設技術の
目標と思われるからである。
川は文化の顔なのである」

平成一二年（二〇〇〇）一二月一九日、建設省の諮問機関としての最後の河川審議会は、「ダムや堤防などの大規模な公共事業だけに頼らない治水対策を推進するよう、治水対策の根本的見直し」を答申した。昭和五一年（一九七六）、河川審議会の専門部会の一つである総合治水委員会専門委員に任命され、平成四年（一九九二）一二月からは河川審議会委員となっていた高橋裕にとって、この審議会は任期八年満了の最後の審議会でもあった。その間、流域における河川環境や水循環のあり方などについて、真剣に討議してきた。一貫して「川にもっと自由を」と提唱した。こうした河川審議会での取り組みを、高橋は、「流域に始まり、流域に終わった」と述懐する。

「二〇世紀は石油の時代（国際紛争の起因ともなるほどの）だった。二一世紀は水の時代といわれている。迫りくる地球の水危機に対応すべく、平成一五年（二〇〇三）三月には第三回世界水フォーラムが日本で開かれる。「地球の水問題は全地球人で考えなければならない」」、いま高橋が取り組んでいる問題である。

卒論作成過程で学んだ、河川工事による「望ましからざる予期せぬ影響」

高橋裕は昭和二年（一九二七）一月二八日、日本園芸農業協同組合連合会専務理事で、果樹農業、とくにミカン栽培の先覚的研究者であった高橋郁郎、操の長男として、静岡県興津町（いまの清水市）に生まれた。

昭和二五年（一九五〇）、東京大学第二工学部土木工学科を卒業した。卒業論文のテーマは「大河津分水による川とその周辺に与えた影響」だった。大河津分水は信濃川の洪水対策として、明治四二年（一九〇九）起工、昭和六年（一九三一）に完成した分水路で、この完成により、越後平野は永いあいだ苦しめられてきた洪水被害から解放され、その結果大穀倉地帯として飛躍的な発展をみたのだった。しかし、分水路から大量の水と土砂を直接海に放出することにより、信濃川本川の洪水流量が激減した。そのため従来の、河川の流量と北西風によって運ばれる海岸沿いの土砂の流れとのバランスが崩れ、新潟の河口周辺で海岸決壊を起こしたのをはじめ、さまざまな影響が現れたのも事実であった。

昭和二四、二五年（一九四九、一九五〇）当時、大河川工事によって周辺の環境がどう変わるかということは、まったく人びとの思考になかったといっていい。だが、大河川工事を行えば、所期の目的は達成しても、周辺全体に望ましからざる結果が出るものだということを、卒業論文作成の過程で、高橋は学んだのであった。

ヨーロッパから歩いて帰った……？　日本と世界の川と水を見つづける

昭和二八年（一九五三）六月、梅雨前線豪雨で筑後川や白川が氾濫した。未曾有の大洪水による堤防決壊二十数カ所、北九州一帯が大被害を被った。このとき東京大学大学院課程にいた高橋に、担当教官の安芸皎一教授は筑後川流域の水害調査を命じた。筑後川上流部の熊本県小国町には大正二年（一九一三）に林野庁が設置した雨量観測所があり、上野巳熊が献身的に観測を行い、降雨量と河川の流量の関係を調べて、日本最初の洪水予報を出していた。

筑後川の上流には、のちに「蜂の巣城」の舞台となった下筌《しもうけ》があり、下流には久留米市がある。雨量観測所を訪ねた高橋は、同じ雨量でも、年とともに洪水の出足が早くなり、下流の流量が多くなってきていることに問題点を見出し、大河川工事の影響ではないかと考えた。こうして、大河川工事と流域の開発に伴い、洪水流量が増大することを弁証法的に提示した『洪水論』が博士論文となった。

安芸教授はこの時期、経済安定本部資源調査会初代事務局長として役所にいることが多かった。教授の指導を受けるために、高橋はよく役所を訪れた。そこで陳情風景を垣間見たのが勉強になった。

昭和三三年（一九五八）一一月から一年余、フランス政府技術留学生としてグルノーブル大学に留学した高橋は、帰路三カ月をかけ、たったひとりで、イタリア、ユーゴスラビア、ギリシャ、トルコ、イラン、パキスタン、インドを経由、カルカッタから海路帰国した。ビザの取得も簡単にはいかず、交通機関もままならなかったが、砂漠のなかの地下水道や各国の川を見たいというロマンを優先させた高橋の行動は、「高橋先生はヨーロッパから歩いて帰った」とか、「ヒッチハイクで帰ってきた」と取り沙汰されながらも、当時の東大生に夢を与えたのは事実であった。昭和三七年（一九六二）には東京大学学生全アフリカ踏査隊が、翌年には東京大学全アジア踏査隊が結成され、それぞれの夢を実行に移した。

昭和三六年（一九六一）、東京大学助教授、同四三年（一九六八）、教授となった高橋は、日本の川だけでなく、世界の川と、そして水を見つづけてきた。

河川工学とは、川という自然を通して自然と人間の共存のための技術の模索

元来、水田農耕民である日本人は、自然順応型あるいは自然一体型スタイルで自然と共生していた。洪水に備えて村ごとに輪中堤を築き、裕福な地主は高い石垣の上に水屋を構えたり、避難用の小船を常備するなど、水との付き合い方にも独自の対応策を持っていた。氾濫による浸水被害はある程度は避け難いとの前提のうえで、被害の軽減をはかろうとしていたのだ。

明治時代に入り、急速な近代化が進むにつれて、水との付き合い方が一八〇度転換した。川の氾濫を押さえ込むことを目的として、重要河川には頑丈な連続堤防が築かれた。大治水工事によって、川はかなり大きい洪水でもびくともしない連続堤防の中に封じ込まれた。このような大河川の治水工事は昭和初期にはほとんど終わっていた。

やがて日本は長い戦争の時代に突入した。そして敗戦。予算も材料も欠乏した戦時中のブランクは、国土を荒廃に任せた。昭和二〇年（一九四五）代、疲弊しきっていた日本を、まるで弱り目に祟り目のようにカスリン台風、アイオン台風といった大型台風が次々に襲った。これらの台風はそれまでの洪水流量をはるかに上回るものだった。大河川の堤防のほとんどが切れ、水魔による犠牲者は毎年一〇〇〇人を超え、洪水による被害のニュースは日常的でさえあった。

こうした状態は終戦後約一五年間つづいた。「国土を建て直すのは、まず河川から」という考えを持ち、政府の資源調査会専門委員に任命された高橋は、そのたびに全国の洪水被害の現場に赴き、調

昭和初期の水害イメージ（流失する信濃鉄道の鉄橋）
（土木学会）

査に立ち会った。それは、河川の改修が進めば進むほど、洪水流量が増大するという博士論文の内容の正当性を裏づけることとなった。川は自然であり、人間の思うとおりにはならない、という基本的考えをすでに確立させていたのだった。

だがこの時期、日本の河川行政は、自然の力に対して力で組しようとする傾向にあった。治水対策は河川改修とともにダムの建設であった。水源地住民によるダム建設反対の嚆矢ともいえる下筌ダム建設反対が起こったのは昭和三二、三三年（一九五七、一九五八）のことだった。地元熊本県小国町の住民がダムサイトに築いた砦に立てこもり、猛烈な反抗を繰り広げる一方、下筌ダム計画を含む筑後川改修計画は公共事業の名に値しないとして、事業認定無効確認訴訟を起こした。いわゆる「蜂の巣城紛争」である。このとき高橋は原告側の六人の鑑定人（住民側の治水政策批判を裏づける立場）の一人として、水理学*的知見を披瀝した。このときの経験を通して、河川開発事業における基本的人権の在り方や合意形成の手続きなど、自然環境の改変を伴う地域開発事業の社会的側面の重要性を認識したのだった。高橋にとって、河川工学の目的は、河川という自然を通して、自然と人間の共存のための技術を模索することでなければならなかったのである。第二次世界大戦後の高度成長期、水の需要は爆発的に増大し、ダムを主体とする水資源開発に力点が置かれていた。わが国が経済発展、生活安全度の向上を成しえた要因のひとつに、これら河川事業の成果があげられるのは事実として評価していた高橋は、あくまで水理学的立場からの考察にとどめ、ダム建設反対に言

＊水理学：流体力学の理論を用いて水の流れに関する力学を研究する学問のこと。

及することはなかった。

川の性質や機能を尊重し、川の心が読める河川技術者

環境の変化に呼応するかのように自然は変化する。大工事で河川環境に変化をもたらすと、川はまるで自衛するかのように反応する。本性は暴れたいのだ。それをダムや堤防など人工の構造物で無理やりにねじ伏せようとするから、あるときワーッと氾濫する。自然は人間の思いどおりにはならないのだ。まして人間のコントロールが完全には利くはずがない。

高橋がこうした基本理念を変えることは決してなかった。相手を理解し、なだめ方を考慮する。相手のことを考えないでかかると、ひどい目に遭う。要するに川との付き合い方である。高橋の恩師、安芸皎一教授は川と対話できる河川技術者であったが、高橋の場合は川の性質や機能を尊重し、川の心が読める河川技術者というべきだろう。

河川工学は、道路や港湾の建設のように、人工の構造物をつくる土木工学技術とは本質的に異なる。川は人類が出現する前から存在するものであり、人工的につくられたものではない。川は流域全体の開発の仕方によって、水質も洪水流量も変わるものだ。しかし、近代化の段階で、さらには第二次世界大戦後の日本で、河川工学の先人たちは、河川工学を河道工学と思い違いしたらしく、河川をつくる工学と取り違えて、地域を守るために川を退治しよ

うとしたのだろう。そしてこれが百年間守られてきた行政側の姿勢であった。

したがって、学生時代からの延長線上にあって、一貫して「川にもっと自由を」と説きつづけ、「蜂の巣城」の攻防では住民サイドに立った高橋は、行政側にとっては目障りな存在であり、ときには敵視されることさえあった。研究に必要な資料の提供さえ拒まれた時期がある……、と高橋の周辺では語られている。

反発されつつも次第に理解されてきた高橋の信念「川にもっと自由を」

五〇年前の学生時代から抱きつづけてきた高橋の理念が、反発された時期を経て、いまようやく理解され、行政にも生かされてきた。建設省（現国土交通省）の河川審議会委員起用がその現れといえる。長良川河口堰での苦労が、やっと生かされてきたと、高橋には思える。百年、二百年に一度の洪水や渇水だけを対象に対策を講じるのではなく、川の三六五日、ふだんの川を大事にしようという考えに、行政がシフトしたといっていい。

「豊かな森林を上流域に持ち、駆け下る川は、まさに清冽で、洪水時を除けば常に澄み、上流部では水深が浅いこともあり、音を立てて流れる瀬もまた底まで透けて、容易に魚が泳ぐのを見ることができる。中流部はおおむね両側にひろびろとした水田を抱え、悠然と流れる。下流から河口に近づくと多くの場合都市の中を流れるが、かつては両岸は市民の憩いの場であった」

高橋が思い描くふだんの川、山紫水明の風景である。明治中期以降百年、先進国のよいと思ったものをどんどん取り入れたのだが、結果として自然界の水環境を不健全にしてしまった。いかなる開発も必ず水循環を変える。環境保全と文明の発達には矛盾する面があるように、河川環境と治水とは矛盾する。この問題をどう解決するかが二一世紀のテーマととらえ、平成九年（一九九七）三月、河川法が改正された。明治二九年（一八九六）に旧河川法が帝国議会で可決、公布され、昭和三九年（一九六四）に新河川法が公布されて以来、三三年ぶりの改正である。新河川法が上流部でのダム開発、水需要増大に対応する水系一貫思想に対応するものであったのに対し、改正された河川法では、河川環境の整備と保全を第一条に謳い、住民参加に道を開き、異常渇水時の円滑な水利調整の在り方にも言及している。

平成一二年（二〇〇〇）一二月に開かれた最後の河川審議会では、「流域での対応を含めた効果的な治水のあり方」、「河川における市民団体等との連携方策のあり方」などを建設大臣に答申した。自然の川の性質と機能を尊重する時期にきているいま、河川行政が大転換をはかるきっかけになる、と高橋は考えている。要は川との付き合い方のなかでの、人間の責任が求められているのだ。

多くのすぐれた弟子たちを輩出した高橋人脈。次々と新しい学問を切り拓く

東京大学定年退官の最終講義で、高橋は尊敬する先輩として、廣井勇教授の名をあげた。大学教授の評価は本人が残した研究や業績だけでなく、すぐれた弟子を育てることも重要な要素とされている。明治中期、小樽や函館港建設に従事したあと、東大教授となった廣井勇は、青山士、八田與一、久保田豊、宮本武之輔ら国際人として活躍した気概ある土木技術者を世に出している。

高橋の場合は、「個性豊かな弟子といえば聞こえはいいけど、実は少々変わり者で、他人が面倒を見ない学生を育てた、というより、むこうが勝手にきちゃった」。

昭和三七年（一九六二）、戦後初の東京大学学生全アジアアフリカ踏査隊の鈴木博明（故人）、高橋が隊長としてメコン河流域を視察した東京大学全アジア踏査隊の檜垣陽一、檜垣はタイに滞在中、出発前からの密かな計画を断行して、僧侶になった。仏教国タイでは、成人した男子は一生のあいだに最低三カ月間、仏門に入ることを社会的習慣としている。将来は国際的な場で仕事をしたいと志望していた檜垣にすれば、タイへ行けば坊主体験をするのが当然のことだった。高橋はマハータ派の寺院で行われた得度式に立ち会った。檜垣は学生時代に立てた志を貫き、現在は建設企画コンサルタント社長として世界にはばたいている。

大学関係に限っても、法政大学の工学部長を勤めた西谷隆亘をはじめ、かつての大学紛争の闘士、もしくは同情者であった反骨の大熊孝（新潟大学教授）、水害現場調査第一人者で土木史に明るい宮村忠（関東学院大学教授）、高橋のあとを継いで、いまや水文・水資源学会長として水文学のリーダーとなった虫明功臣（東大教授）。この大熊、宮村、虫明の三人は一九六〇年代後半、高橋研究室のなかでも特に現場と討論重視のきわめてユニークな調査・研究を展開し、その先進性ゆえに反体制との批判も浴び、その研究室は「隔離病棟」と呼ばれていた。高橋の許《もと》でなければ存在し得なかった研究グループといわれている。さらには、水理学から河川生態工学へと学問領域を広げた玉井信行（東大教授）。年代は下がるが、高橋の東大停年間際の教え子であった小池俊雄（東大教授）、沖大幹（東大助教授）は、早くから衛星データの活用による水分野の先端研究で、世界的に高く評価されている。竹内邦良（山梨大学教授）は日本人で初めてユネスコの水文学の政府間理事会議長や国際水文科学会長に推挙されるなど、国際的に大活躍している。さらには土木史研究で業績をあげている松浦茂樹（東洋大学教授）、島崎武雄（地域開発研究所所長）ら、彼らは他大学では育ちにくかった俊英といえるだろう。そのほか東大で講義を持っていた地理学では国土地理院長を務めた野々村邦夫（広島工業大学教授）、コンピューターを駆使して新しい地理学を拓いている久保幸夫（前慶應義塾大学教授）など、農業工学にも多数の真弟子《まなでし》が輩出し、なかでも水環境整備に先駆的成果をあげている千賀裕太郎、国際的に突出した活躍をしている中山幹康

（ともに東京農工大教授）、そして東大退官後に教鞭をとった芝浦工業大学からも多くの逸材が育っている。特筆すべきは、高橋の許には、全国の水害やダム問題を抱えた数多くの首長やＮＧＯが次々と相談に訪ねたことである。高橋は、これら首長の立場を理解して、しばしば現地を視察し助言を与えている。彼らもまた高橋の弟子に数えるべきであろう。

その意味で高橋もまた、尊敬してやまない廣井勇教授同様、優れた弟子を輩出したのである。高橋の多彩な弟子群に共通するのは、いずれも視野が広く、既成の学問からとび出すことによって、新しい学問を切り拓くタイプである。彼らは、いわば壮大な水と川の「高橋山脈」を形成しているといっていい。

川は文化の顔である

「春のうららの隅田川」や「春の小川はさらさら流る」と童謡に歌われ、江戸時代の画家、鈴木春信、鳥居清長、安藤広重、葛飾北斎らは隅田川の情緒をまばゆいばかりに描き出し、俳人、与謝蕪村は「春風や堤長うして家遠し」と詠んだ。うららかだった川の風景が、明治以降近代化の過程で、洪水が暴れぬよう、水をうまく使えるようという機能性、経済効率ばかりが追求される存在に変貌した。

「都市の川だけではない。大正元年（一九一二年）に作詞された『春の小川』の面影をとどめる川が農山村にも少なくなった。昔に戻ればよいといっているのではない。物質的生活水準の向上とともに、自然との共存協調を乱さない方途を見出し、文化生活水準も保存し高めることこそ、これからの建設技術の目標と思われるからである。川は文化の顔なのである」（彰国社刊『新建築学大系・月報』昭和五八年（一九八三）五月号）の文章に、高橋の川への想いの一端を見ることができる。

高橋裕は、気骨のある河川技術者であると同時に、見事な文化人である。

小野　辰雄

（おの　たつお・一九四〇年〜）

現場の命を支える安全な足場

「縁の下の力持ちということばがあるでしょう。
だれもが簡単にいうことばですよね。
しかし、縁の下にどれくらいの
力が要るのかってことは、
だれも考えていないんですよね。
わたしは、この世界的にいっても
価値が認められていない
『縁の下の力』づくりを、
自分の本業として取り組んできたのです」

「今日まで日本の社会経済基盤の一翼を担ってきた建設産業の現場において、毎年尊い幾多の人命が失われ、平成一一年（一九九九）度はその数七九四人にも及んでおります。そのなかで約半数は、建設費用のわずか数パーセントにしか過ぎない仮設（足場）に起因するものです。天変地変やその他においてこのようなスケールで人命が失われることがあれば、大惨事として国家国民をあげて原因究明が行われ、徹底的に対策が講じられることでしょう。建設現場に労働災害はつきものという風潮や、ヒューマンエラーの名のもとに、それを看過する文化はもう捨て去らなくてはなりません。なぜならば、安全な仮設（足場）工事によって労働災害は根絶できるからです」

平成一二年（二〇〇〇）六月に創立された全国仮設安全事業協同組合の総会で、初代理事長に就任した小野辰雄は、こう挨拶した。国家事業の受け皿、実行部隊として相互扶助の精神で、強力に安全事業を遂行していく覚悟を披瀝したのである。

このことは、小野の仕事人生を通して一人の死亡災害も起こさせない自信が裏打ちをさせている。

安全な足場づくりを本業として取り組むことを決意

小野辰雄は昭和一五年（一九四〇）二月二七日、勘七、タケの次男として大連に生まれた。

五歳のとき、警察署長をしていた父と死別し、母と兄姉七人が父母の故郷山形県長井へ引き揚げてきたのは昭和一九年（一九四四）暮、終戦の八カ月前のことだった。

高校時代は剣道、柔道、相撲、野球となんでもこなす万能選手だった。ボクサーになりたくて、ジムにも通った。兄たちはみな大学に進学していたが、小野は進学をあきらめ、高校を卒業すると、石川島重工業（現石川島播磨重工業）へ三カ月間の臨時養成工として就職、幼年時代からのあこがれだった船をつくる仕事に就いた。昭和三三年（一九五八）当時は就職難の時代で、三カ月間の臨時養成工でさえ五〇倍の競争率だった。

最初の仕事は船外板の溶接だった。足場は丸太棒を組み、番線でとめただけの簡単なもので、手すりもついていなかった。下は瓦礫の山、落ちればいのちはない。恐怖で体のふるえがとまらなかった。事実、一隻の船を建造中に何人もの職人が墜落や感電事故などで犠牲となったが、犠牲者の数で船のグレードが云々される時代、五人も死ねば逆にグレードの高い船と評価されるような世相だった。しかも職人には災害保険もかけられていない。小野自身、高所で足を踏み外し、あわや転落の危機を三度も体験した。スポーツ万能の反射神経が身を護ったに過ぎない。

高卒の臨時工であった三カ月のあいだに、学歴のないものや職人の地位の低さ、そうした作業員の人命の軽さといったものを、小野は身をもって味わった。

三カ月後、小野は本採用となった。時期的にはリベット打ちから溶接への移行期にあり、小野は三年間に溶接、板金、鍛冶、鋳物、製図などの資格を可能な限り取りまくって、多能工、マルチ職人に成長していた。

二一歳で親方。少年時代からのガキ大将は、その素質を備えていたのだろう。職人を動かす立場に立ってみて、改めて最も危険を伴うのが足場であることを実感した。平場では有能な技能職がいる。ところが足元のおぼつかない高所の足場に上がると、途端に恐怖に駆られ、能力を十分に発揮できない。職人にいい仕事をさせるには、まず安全な足場を提供することだと、小野は痛切に感じたのだった。

「安全な足場をつくることが第一だ。おれは安全な足場づくりを、本業として取り組もう」

長いあいだ胸のうちでうごめいていたものが、一気に孵化したように、小野は自らの進路を切り拓く入り口に立ったのだった。

会社を設立して「安全手すり」を売る

昭和四三年（一九六八）六月、小野は日綜産業を設立、代表取締役に就任した。社員はたった六人、社長とはいえ、現場の最前線に立つ職人であることに変わりはない。何日もプラント建設の*野丁場《のちょうば》に泊まりこむ日もあれば、みなといっしょに近くの銭湯へも行った。

とりあえず手すりを付けるだけでも、足場の安全性は格段に保障されるのだ。発注側にそ

＊野丁場：丁場（ちょうば）とは、職人が受け持った作業場所の呼称。住宅建築などの工事では町場（まちば）、それに対してビル、ダム、道路など大規模な工事現場における鉄筋コンクリート造などの工事では野丁場と呼んだ。

の配慮がなかったのは、足場代より保険料の方が安いというアメリカ式の考え方に支配されていたとしか考えられない。

足場の支柱に二カ所ほど輪を取り付け、それに単管パイプを通して手すりにした。高所の足場で仕事をする職人にとっては、手すりがあるというだけで、どれだけ大きい精神的安定感が得られるものか、自らの体験を投入した製品だった。小野はこの製品を長年仕事をしてきた造船業界に売り込んだ。しかし、知名度のない会社の新製品など歯牙にもかけられなかった。

創業から二、三年したころ、造船業界が輸出ブームに沸くというチャンスがめぐってきた。ようやく安全手すりの需要が増えた。小野は安宿に泊まり歩き、全国の造船所へ営業の足を伸ばした。自社の製品を売り込む一方、「こういうものをつくってくれ」とポンチ絵*を示されれば、近くの郵便局に飛び込み、そこに自分のアイデアを書き込んで速達で会社へ送り、製図をさせた。ファックスという連絡手段はまだなかった。

技術的に無理な注文をされても引き受けた。「それは無理です」とか「できません」とはいいたくなかったし、決していわなかった。アイデアも技術も手探りだったが、小野のなかでチャレンジ魂が火を噴いていた。やってもみずに、「やれない」と尻込みするようなことは、彼のポリシーに反するのだ。小野にはからだを張って仕事をしてきたことからくる強みがあった。頭の中だけで考えたことではない。経験に裏打ちされた熱意と行動がすべてなの

＊ポンチ絵：明治時代に描かれた風刺的な絵で、マンガの原点といわれる。土木建築業界では、手書きで簡易に描かれた概念図、概略図のこと。

である。

だが造船景気は長くはつづかなかった。昭和四九年（一九七四）のオイルショック後の造船不況が押し寄せた。売上の八〇パーセントを造船に頼っていた小野にとって、会社存亡の危機に見舞われたといっていい。

小野はとっさに海上から陸地へ目を転じ、販売先を造船から建設業界へと転換させた。

新製品開発の原動力は「縁の下の力づくりを」の心

「縁の下の力持ちということばがあるでしょう。だれもが簡単にいうことばですよね。しかし、縁の下にどれくらいの力が要るのかってことは、だれも考えていないんですよね。わたしは、この世界的にいっても価値が認められていない『縁の下の力』づくりを、自分の本業として取り組んできたのです」

底流にあるのは、なにものも人のいのちには代えられない、という人命尊重の意識だ。どのような建造物も、現場の第一線で体を使う職人がいなければ完成させることはできないが、職人が仕事をするうえで欠くことのできないものが足場イコール仮設なのだ。縁の下の力なのだ。ところがその重要性が世間で実際に認められているかといえば、決してそうとは思えない。

小野は「技術」のなかに「安全」を確保し、さらに「信頼」を仮設づくりに課してきたが、そのうえに「軽量」や「多機能性」も条件に加えて、新製品を開発していった。すべての条件を満たす製品開発までには年月を費やすものもあったが、現場で仕事をする職人の身の危険につながるものだけに、慎重の上にも慎重を期して完成品をつくりあげた。こうして開発された製品のなかには、単に建設現場の足場としての働きだけでなく、イベント会場のステージとして利用されるものもあった。

例えば平成一〇年(一九九八)、長野オリンピック。草野球場を改装した五万人収容の特設スタジアム、伊藤みどりさんが駆け上がった聖火台への階段、森山良子さんがせりあがりながら「明日こそ、子供たち

3S システムの安全足場(日綜産業株式会社)

が……When Children Rule the World」を歌った舞台装置は、小野が3Sシステム（足場、支保工、構造物の三つの用途に使用できる仮設機材）を駆使して咲かせた大輪の華だった。

「仮設は環境にもやさしいんですよ。イベントが終わったあと、部材を取り除けば元の状態に戻り、産業廃棄物はゼロ」

わが子を語るように、小野は得意げに目尻を下げる。

「職人の教養を高めさせ、地位を向上させたい」。職人の大学設立へ動く

「職人の大学をつくりたい」

小野が社員の前で、長年温めていた構想を口にしたのは、平成に入ってまもなくのことだった。社員はあっけにとられた顔つきで小野社長を凝視した。

「今の日本では、結局のところ、学歴以外にステータスの表現手段がないと思える」

小野はいった。

「わたしは家庭の事情で大学に行けなかった。その意識がずうっとつきまとってきた。職人ということばのなかに、いささかの蔑視が含まれていると感じるのは、こうした意識の現れなのだ。本来、職人はプロだ。プロこそ職人なのだ。ドイツにはマイスターというプロを育てる制度があって、四百年の歴史がある。マイスター制度は国の文化ととらえられている

から、社会的地位は当然高い。マイスターは職人としての誇りなのだ。この誇りを日本の職人にも持たせたい。それには技能だけでなく、理論や一般教養を身につけることも必要なのだ。だからわたしは職人大学をつくり、職人の教養と人格形成を高めさせ、職人の地位を向上させたいのだ」

この構想をひっさげて、小野は各方面に働きかけた。大学や企業関係者が賛同し、建設現場の技術、工法、機材、労働環境と、働く現場専門技能者を取り巻く諸問題の具体的な改善を実施し、提案する機関として、「サイト・スペシャルズ・フォーラム（ＳＳＦ）」が設立されたのは平成二年（一九九〇）一一月のことである。理事長には東京大学名誉教授で、のちに日本建築学会会長になった内田祥哉氏が就任した。サイト・スペシャリストとはすぐれた人格を備え、伝統技術の継承にふさわしく、また、新しい技術を確立、駆使することができる、選ばれた現場専門技能者と定義した。

平成元年（一九九二）には職人大学構想を発表、各地で一週間単位の泊まり込み職人講座を催した。講師には研究者だけでなく、技能者、工務店経営者、芸術家など幅広く人材を求めて、建設業および現場技能労働についての現状把握、将来展望を軸にして知識を蓄えた。

平成一三年（二〇〇一）四月、埼玉県行田市に「ものつくり大学」は開学した。このみなもととなったのはほかならぬサイトスペシャルフォーラムであった。一途に職人の社会的地位向上を願い、発想と同時にからだを動かした小野の熱意と行動力の結果ともいえよう。

学歴を備えることで職人のステータスを高めさせたいという、小野の最初の発想は、逆にいえば、企業成長のポイントとなる高度な人材を育成・確保していくことにつながる。「うで」「意欲」「夢」に満ちた若者に、応用力、実践力、挑戦心などを身につけさせる「ものつくり大学」は、二一世紀を切り拓く人材を育てる学び舎たり得るのである。

年齢制限のない「ものつくり大学」の第一号の学生になりたいと、小野は願っていたのである。学生であると同時に、小野が講師のひとりとなることもあるだろう。その講義には、

「新職人をめざせ！　その道でのプロになれ！」

と唱えつづけてきた小野の、創業者の理念が脈々と流れることだろう。

現場で指揮をとる姿（日綜産業株式会社）

次なる目標は安定した職場環境を提供すること

小野辰雄という男には、超ハイテクと、超演歌的人情家の要素が同居している。そんな彼

がいま情熱を燃やして取り組んでいるのは、職人の環境づくりである。

第一線で身を挺して働く人間の「安全」の確保は、造船所で働き始めたときから小野が追い求めてきたテーマであった。職人を労働災害から護ること、これこそが目的なのであり、労働災害の撲滅は国民生活に密着した国家的テーマである、と小野は考えている。

小野はまた、職人社会に「安心」を確保する「安心エンジニアリング」を提唱している。

「職人殺すに刃物は要らぬ。雨の三日も降ればいい」

昔からいい古されてきた。出来高制で戸外の仕事をする職人にとって、雨と風は大敵だ。それが何日もつづけば収入の道を絶たれ、たちまち路頭に迷いかねない。子分を抱える親方は、雨が降らないようにと、毎日祈る思いというが、雨が降っても風が吹いても、職場の環境が安定していれば、職人の収入は安定し、その家族もまた安心して日々の暮らしが立てられるのだ。

「安定した職場を提供したい」

いつも職人サイドにいる小野がいま取り組んでいるのは、全天候型の屋根である。現場全体にジャバラの袋をかぶせたような状態、ドームの中の野球場と同じ発想だ。しかし現段階では、発注者側は高価な全天候型のドームをかぶせるより、仕事を休む方が採算にあう。

「十年後には完成させますよ」

小野は言明する。つねにマンネリ化に対する挑戦、それは自らのマンネリ化を意味しているのだが、私生活のマンネリ化は仕事のマンネリ化につながる。それでは新しい発見のよろこびが失われる。

小野の挑戦はまだまだつづく。

『土木のこころ』復刊に寄せて

寿建設株式会社　森崎英五朗

私は東北の福島県で、祖父から三代目となる建設会社を営んでいる。当社の仕事はすべてが「土木」工事である。

私が社長になったのは平成一八年、三七歳のときであった。

当時公共工事に対する世の中の目は厳しく、発注される工事量は毎年減少傾向にあり、年々グラフの線は斜め右に向かって勢いよく下がっていた。加えて多数の汚職事件によるイメージダウン、競争の激化による叩き合いが繰り広げられ、どうやって会社を継続していけばいいのか、各社頭を痛めていた。

当社も、できる限りの手を尽くしてなんとか薄利を出すのが精いっぱいであった。中堅ゼネコンまでも含めた破綻・倒産が続き、新卒者を積極的に採用する同業者もほとんどなかったはずだ。

そんな状況が回復する見通しがない中で、平成二三年三月、東日本大震災が発生した。

福島県には、地震と津波、さらには原子力発電所の事故によって甚大な被害がもたらされ、追い打ちをかけるように七月には会津地方で豪雨災害が発生した。

地元建設業は現場の最前線で必死に復旧・復興対応に取り組む日々が続いた。

以来、約一〇年。全国各地で毎年のように激甚災害が発生、さらに笹子トンネル天井板落下事故により「メンテナンス」の重要性が認識され施策化されるなど、建設業へのニーズは震災以前とは異なり、大きく高まっている。

しかしながらこの状況に反し、人材確保は困難を極めている。

高齢化が進む建設業界への若手入職の取り組みは国を挙げて推し進められているが、なかなか思うようにいかないのが現実だ。当社も同様な悩みを慢性的に抱えている。

若い人たちに建設業に来てもらおうと、「休日の確保」「給与待遇向上」などの対応が急ピッチで進められている。それらは間違いなく必須の条件であろう。しかし、建設業にとって真に必要なのは、果たして「休日」と「給与」を優先的に求める人材なのだろうかと疑問に思うことがある。

特に土木工事は、地域や社会の基盤をつくり、その機能を維持するための作業が求められる。しかも天候や地域事情などに大きく左右されながら、決められた工期を守らなければならない。

災害時は巡回も含めた長時間の対応もしなければならない。

高品質のモノづくりをしながら、地域を守るという任も背負わなければならないのだ。

この世界に飛び込んでくるには、そういった使命に向き合うことを厭わない「こころ」が必要ではないかと思う。

いや、そこまで崇高な志でなくてもよい。

「でっかい橋をつくってみたい！」

「地域の道路を守る仕事をしたい」

スタートは、少なくともそんな憧れや夢を持って来てほしい。

そんな思いから、若い人たちにそのようなことを感じてもらう「着火剤」はないものかと広く探していたところ、縁あって本書『土木のこころ』に出会った。

「まえがき」を読み、鳥肌が立った。

土木技術のなんたるか、その本質を著者の田村喜子さんは明快に突いていた。

登場する土木技術者として活躍された二〇名それぞれの方が、困難に直面した場面を乗り越えようとして生まれた言葉がたまらなく心に響いた。

社会のために、世の中をよくするために、全力以上の力を出すことを惜しまない「土木のこころ」。これは現代の土木技術者、そしてこれから入職してくる若い人たちに、一番大事な核の部分ではないかと確信した。

読後すぐに多くの人にこの本を読んでほしいと考えたところ、出版社がすでに廃業されており、古書店やネットオークションなどでしか入手できないとわかった。

ならばなんとか復刊できないかと、十数年来親しくしている出版社・現代書林社長の坂本桂一さんに話を持ちかけた。数カ月の検討を経て、令和元年の夏から復刊の許可などに動きはじめたのだが、まるで田村喜子さんに「導かれる」ような縁が次々とつながりはじめた。あれよあれよというううちに、田村さんをよく知る方々を中心とした関係者に出会うことができ、多大なご協力をいただいたことで復刊が実現したのである。

「土木のこころ」は、時を経てもつながるのだと実感した。

本書が、いままで強いスポットライトを浴びることのなかった土木の先輩たちの「こころ」と、それを世に伝えようとした田村喜子さんの「こころ」、そしてこれからの土木の未来をつくっていくであろう次の世代の「こころ」をつなぐ存在となることを願わずにはいられない。

本書は、元の原稿や掲載されていたイラストは当然そのままに、原本になかった注釈や年表、関連書籍紹介、著者・田村喜子さんの略歴（写真入り）、著作一覧なども盛り込んでレイアウトを新たに出版の運びとなった。

今回の復刻のお願いを快諾いただきました著者のご子息であられる田村安様、多くの方の目に留まるよう、帯へのイラスト転載の了解をいただきました福本伸行様、そして今日までの過程で幾多のご協力と激励、応援をいただきました皆様に心よりお礼申し上げます。

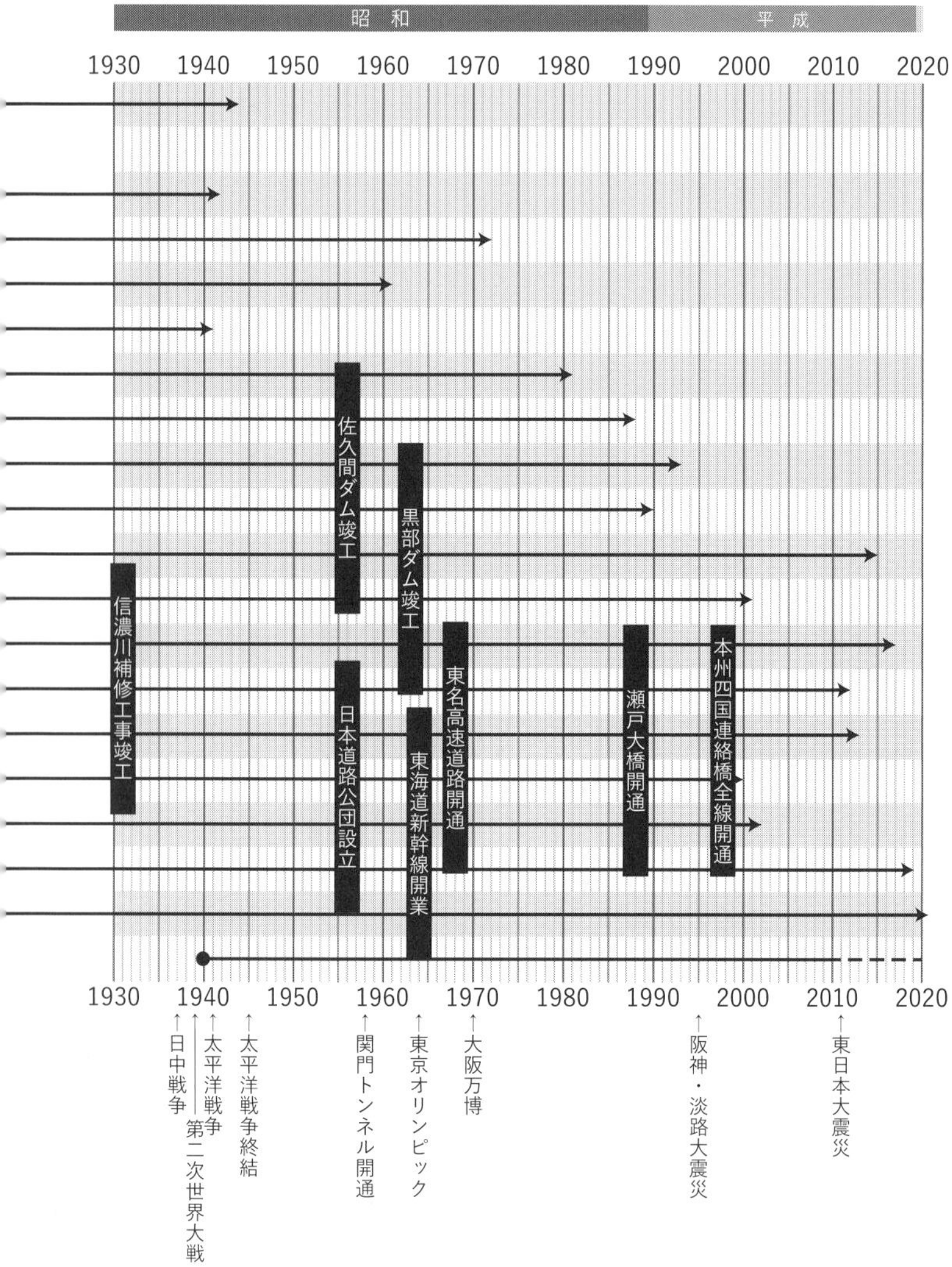

昭和
平成
1930
1940
1950
1960
1970
1980
1990
2000
2010
2020
佐久間ダム竣工
黒部ダム竣工
信濃川補修工事竣工
日本道路公団設立
東海道新幹線開業
東名高速道路開通
瀬戸大橋開通
本州四国連絡橋全線開通
←日中戦争
←第二次世界大戦
←太平洋戦争
←太平洋戦争終結
←関門トンネル開通
←東京オリンピック
←大阪万博
←阪神・淡路大震災
←東日本大震災

年　表

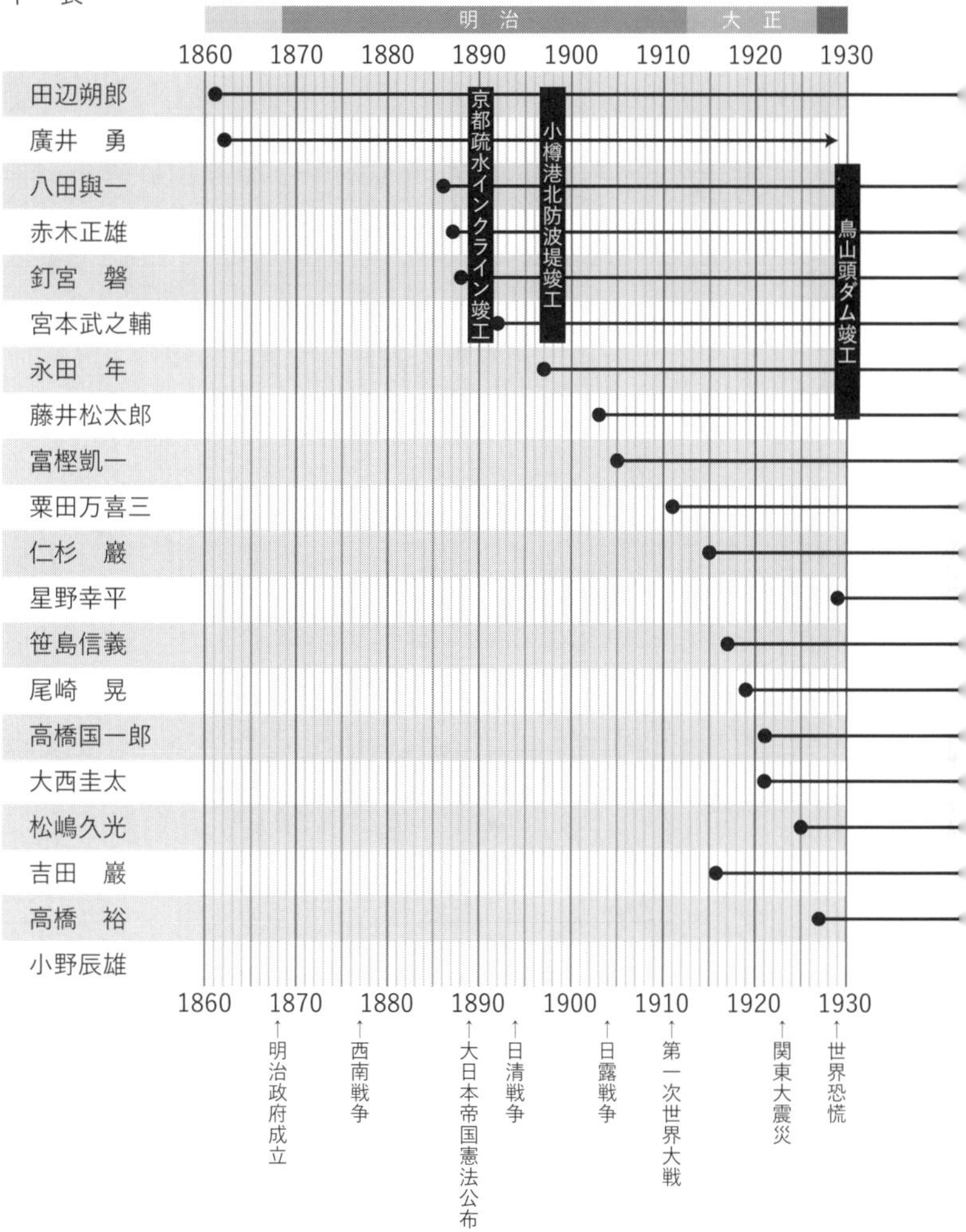
明　治
大　正
1860 1870 1880 1890 1900 1910 1920 1930
田辺朔郎
廣井　勇
八田與一
赤木正雄
釘宮　磐
宮本武之輔
永田　年
藤井松太郎
富樫凱一
粟田万喜三
仁杉　巖
星野幸平
笹島信義
尾崎　晃
高橋国一郎
大西圭太
松嶋久光
吉田　巖
高橋　裕
小野辰雄
京都疏水インクライン竣工
小樽港北防波堤竣工
烏山頭ダム竣工
1860 1870 1880 1890 1900 1910 1920 1930
明治政府成立
西南戦争
大日本帝国憲法公布
日清戦争
日露戦争
第一次世界大戦
関東大震災
世界恐慌

関連書籍紹介

田辺朔郎
『北海道浪漫鉄道』田村喜子（新潮社）
『京都インクライン物語』田村喜子（中公文庫）
アニメ映画『明日をつくった男 田辺朔郎と琵琶湖疏水』（虫プロダクション）

廣井勇
『評伝 山に向かいて目を挙ぐ 工学博士・広井勇の生涯』高崎哲郎（鹿島出版会）
『土木技術者の気概 廣井勇とその弟子たち』高橋裕（鹿島出版会）
『シビルエンジニア 廣井勇の人と業績』関口信一郎（ＨＩＮＡＳ）

八田與一
『よいっつぁん夢は大きく～台湾の「ダムの父」・八田與一～』まつだしょういち、たにうちまさと（北國新聞社）
『植民地台湾を語るということ 八田與一の「物語」を読み解く』胎中千鶴（風響社）
『台湾を愛した日本人 土木技師 八田與一の生涯（改訂版）』古川勝三（創風社出版）
『日台の架け橋・百年ダムを造った男』斎藤充功（時事通信出版局）
『後藤新平──大震災と帝都復興』越澤明（ちくま新書）
『小学館版学習まんが 八田與一』平良隆久、みやぞえ郁雄（小学館）
『土木技術者の気概 廣井勇とその弟子たち』高橋裕（鹿島出版会）
アニメ映画『パッテンライ!! ～南の島の水ものがたり～』（虫プロダクション）

釘宮磐
『関門とんねる物語』田村喜子（毎日新聞）

宮本武之輔
『物語分水路 信濃川に挑んだ人々』田村喜子（鹿島出版会）
『土木技術者の気概 廣井勇とその弟子たち』高橋裕（鹿島出版会）

藤井松太郎
『剛毅木訥 鉄道技師・藤井松太郎の生涯』田村喜子（毎日新聞社）

仁杉巖
『仁杉巖の決断のとき』大内雅博（交通新聞社）

笹島信義
『おれたちは地球の開拓者――トンネル1200本をつくった男』笹島信義（KKベストブック）
『黒部の太陽』木本正次（信濃毎日新聞社）
映画『黒部の太陽』（DVD販売元：ポニーキャニオン）

高橋裕
『国土の変貌と水害』高橋裕（岩波新書）
『都市と水』高橋裕（岩波新書）
『河川工学』高橋裕（東京大学出版会）
『現代日本土木史』高橋裕（彰国社）
『川と国土の危機 水害と社会』高橋裕（岩波新書）
『土木技術者の気概 廣井勇とその弟子たち』高橋裕（鹿島出版会）

小野辰雄
『国民は150人の命を救えるか！ 建設職人に光を 明るく楽しい建設産業を創る――足場職人の55年の軌跡を追って』鶴蒔靖夫（IN通信社）

その他
『土木偉人かるた』企画：土木広報センター、土木学会誌編集委員会 監修：緒方英樹（土木学会）

田村喜子 略歴

1932（昭和7）年10月25日 京都市中京に生まれる

1951（昭和26）年3月 京都市立堀川高校卒

1955（昭和30）年3月 京都府立大学文学部卒

同年 4月 都新聞社入社

1971（昭和46）年 『むろまち』を修道社より刊行

1975（昭和50）年 『京そだち』を新潮社より刊行

1978（昭和53）年 『海底の機』を文化出版局より刊行

1982（昭和57）年 『京都インクライン物語』を新潮社より刊行

1983（昭和58）年 第1回土木学会著作賞受賞（『京都インクライン物語』）

1984（昭和59）年 第11回土木学会映画コンクール審査委員会委員、以降第24回（2010年）まで委員を務める

1986（昭和61）年 『北海道浪漫鉄道』を新潮社より刊行

1988（昭和63）年 『五条坂 陶芸のまち今昔』を新潮社より刊行

1990（平成2）年 『物語分水路 信濃川に挑んだ人々』を鹿島出版会より刊行

同年 『疏水誕生』を京都新聞社より刊行

同年 『剛毅木訥 鉄道技師・藤井松太郎の

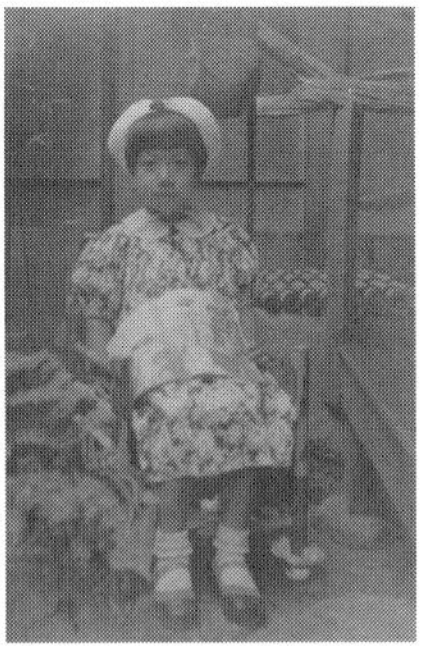

幼少期

記者時代

1992（平成4）年　生涯』を毎日新聞社より刊行
『治水の歴史コミック1　信濃川への挑戦』をこだま出版より刊行
同年　『関門とんねる物語』を毎日新聞社より刊行
1996（平成8）年　『ザイールの虹・メコンの夢　国際協力の先駆者たち』を鹿島出版会より刊行
2000（平成12）年　『浪漫列島「道の駅」めぐり』を講談社より刊行
2001（平成13）年　特定非営利活動法人風土工学デザイン研究所理事長
2002（平成14）年　絵本『鬼かけっこ物語』を北上教育委員会より刊行
同年　『土木のこころ』を山海堂より刊行
2004（平成16）年　『明日をつくった男　田辺朔郎と琵琶湖疏水』（原作『京都インクライン物語』、企画・制作：虫プロダクション）が第21回映画コンクール最優秀賞を受賞
同年　『野洲川物語』をサンライズ出版より刊行
2009（平成21）年　『小樽運河ものがたり』を鹿島出版会より刊行
同年　土木の日シンポジウムで「琵琶湖疏水と田辺朔郎」をテーマに講演
2010（平成22）年　『余部鉄橋物語』を新潮社より刊行
2011（平成23）年　土木学会名誉会員
特定非営利活動法人風土工学デザイン研究所名誉会長
2012（平成24）年3月24日　逝去
日本文藝家協会、日本ペンクラブ会員

著書出版パーティにて

「土木のこころ」を追い求め ──
常に現場の最前線に立ち、取材を続ける

漢那ダム天端（沖縄県）

明石海峡大橋（兵庫県）

写真上：京阪電鉄鴨東線（京都府）
写真右：東名高速道路集中工事（神奈川県）

関西国際空港（大阪府）

三国川ダム（新潟県）

八田與一銅像（台湾）

本州四国連絡高速道路

田村喜子 著書一覧

タイトル	発行元	発行年月
むろまち	修道社	1971年9月
京そだち	新潮社	1975年7月
海底の機	文化出版局	1978年7月
京都インクライン物語	新潮社	1982年9月
京都フランス物語	新潮社	1984年6月
北海道浪漫鉄道	新潮社	1986年10月
五条坂 陶芸のまち今昔	新潮社	1988年9月
物語分水路　信濃川に挑んだ人々	鹿島出版会	1990年10月
疏水誕生 ※原作：田村喜子、絵：藤原みてい	京都新聞社	1990年3月
剛毅木訥 鉄道技師・藤井松太郎の生涯	毎日新聞社	1990年6月
治水の歴史コミック1　信濃川への挑戦 ※原作：田村喜子、構成・画：沼田清、脚色：小野寺京吾	こだま出版	1992年4月
関門とんねる物語	毎日新聞社	1992年8月
ザイールの虹・メコンの夢 国際協力の先駆者たち	鹿島出版会	1996年12月
浪漫列島「道の駅」めぐり	講談社	2000年3月
鬼かけっこ物語 ※原作：竹林征三・田村喜子、作画：野村たかあき	北上市教育委員会	2002年3月
土木のこころ 夢追いびとたちの系譜	山海堂	2002年5月
野洲川物語	サンライズ出版	2004年8月
小樽運河物語	鹿島出版会	2009年12月
余部鉄橋物語	新潮社	2010年7月

復刊にあたりご協力いただいた皆さま（五十音順・敬称略）

新井貴子
岩崎肇
大田弘
緒方英樹
佐藤直良
白木綾美（年表作成）
竹林征三（資料提供）
田村安
塚田幸広
福本伸行
松永昭吾（注釈監修）
宮内保人
森崎英五朗
山崎晶

公益社団法人 土木学会
「土木のこころ」読書会のみなさま

田村喜子アーカイブス
https://yoshiko-tamura.com

土木学会ホームページ
https://www.jsce.or.jp

土木学会附属土木図書館
デジタルアーカイブス
https://www.jsce.or.jp/library/archives

土木《どぼく》のこころ 復刻版《ふっこくばん》

2021年3月16日　初版第1刷
2022年4月27日　　　第3刷

著　者 ―――――― 田村喜子《たむらよしこ》
発行者 ―――――― 松島一樹
発行所 ―――――― 現代書林
〒162-0053 東京都新宿区原町3-61 桂ビル
TEL／代表 03(3205)8384
振替 00140-7-42905
http://www.gendaishorin.co.jp/

カバーデザイン ――― 望月昭秀
イラスト ―――――― 森脇和則

印刷・製本　広研印刷株式会社
乱丁・落丁本はお取り替えいたします。
定価はカバーに表示してあります。

ISBN978-4-7745-1884-8 C0093